气象多棱镜

气象人说气象故事

气象多棱镜

气象人说气象故事

中国气象局办公室 编

图书在版编目（CIP）数据

气象多棱镜：气象人说气象故事/中国气象局办公室编. --北京：气象出版社，2016.12
ISBN 978-7-5029-6460-3

Ⅰ.①气… Ⅱ.①中… Ⅲ.①气象学 Ⅳ.①P4

中国版本图书馆CIP数据核字（2016）第270121号

Qixiang Duolengjing——Qixiangren Shuo Qixiang Gushi

气象多棱镜——气象人说气象故事

中国气象局办公室 编

出版发行：气象出版社
地　　址：北京市海淀区中关村南大街46号　　邮政编码：100081
电　　话：010-68407112（总编室）　　010-68409198（发行部）
网　　址：http://www.qxcbs.com　　E - mail：qxcbs@cma.gov.cn
责任编辑：颜娇珑　　　　　　　　　　　　终　　审：邵俊年
责任校对：王丽梅　　　　　　　　　　　　责任技编：赵相宁
封面设计：楠竹文化
印　　刷：中国电影出版社印刷厂
开　　本：710 mm×1000 mm　1/16　　　　印　　张：12.5
字　　数：168千字
版　　次：2016年12月第1版　　　　　　　印　　次：2016年12月第1次印刷
定　　价：38.00元

本书如存在文字不清、漏印以及缺页、倒页、脱页等，请与本社发行部联系调换。

目 录
CONTENTS

丁一汇说气候变化 / 1

走近丁一汇 / 1
地球气候已经发生了什么样的变化？ / 5
气候变化的影响是什么？ / 18

李维京说气候预测 / 26

走近李维京 / 26
气候预测都预测什么 / 29
气候预测对国民经济的影响 / 34

张兴赢说卫星气象 / 39

走近张兴赢 / 39
气象卫星与卫星气象 / 43
星眼看地球 / 52

龚山陵说雾与霾 / 68

走近龚山陵 / 68
辩证看待中国的雾与霾 / 70

　　　　国内外治理雾-霾的经验　/　76

德力格尔说大气本底气象观测　/　83

　　　　走近德力格尔　/　83
　　　　小站连着大挑战　/　86
　　　　一条缓慢上扬的大气二氧化碳曲线　/　95
　　　　云端人生　/　98

乔林说重大气象保障服务　/　101

　　　　走近乔林　/　101
　　　　把握机遇谋发展　服务盛事创辉煌　/　103
　　　　纪念活动气象服务保障　/　111

赵海军说天气预报技能　/　119

　　　　走近赵海军　/　119
　　　　如何练就天气预报硬本领　/　120

杨晓丽说气象观测技能　/　133

　　　　走近杨晓丽　/　133
　　　　天气是一本读不完的书　/　135
　　　　观测情·气象梦·人生路　/　146

广东省气象局说气象灾害防御　/　150

　　　　走近广东气象　/　150
　　　　"大应急"思维融入灾害治理　/　153
　　　　筑牢防灾减灾第一道防线
　　　　　　——广东防范台风"妮妲"气象服务纪实　/　162

上海市气象局说气象现代化建设 / 167

走近上海市气象局 / 167
上海气象现代化建设发展历程 / 168

三沙市气象局说海岛气象服务 / 181

走近三沙市气象局 / 181
南海气象服务 / 187
一次重要的服务过程 / 190

丁一汇
说气候变化

走近丁一汇

2016年初,在广州召开的热带气象与海洋科学技术国际研讨会上,中国工程院院士丁一汇指出:"在2016年,南方尤其是长江中下游降水将明显偏多,出现严重洪涝灾害的概率大。在异常强降水偏多的背景下,还要密切注意极端强降水事件的发生。极端气候事件是和气候变化密切相关的,气候变化以后,它不但影响我们的平均气候,就是每年春夏秋冬的温度都在升高,同时还会导致极端的高温、极端的寒冬的频率也在增加。"

入夏以来,南方接连的暴雨灾害一一印证了丁一汇的判断,这样的判断无疑为国家灾害救援提供了预警和指导,更是凝聚着丁一汇多年的心血与汗水。

♦ 几经周折 如愿进入北京大学物理系

说起丁一汇与气候研究结缘,那可有段插曲。1938年中国抗战的第二个年头,丁一汇出生在安徽亳县。之后,随担任教师的父母辗转到南京、上海,并在上海完成了高中学业。那时候的丁一汇,一门心思喜爱物理。

"我印象比较深的是我的高中物理老师。这个物理老师课讲得特别好,让我受到了很大的启发,对这个世界的自然变化规律和道理认知的大门都是这个老师给我打开的。"

出于对物理的热爱,丁一汇报考了北京大学物理系,但命运却和他开了个玩笑。

"检查身体的时候,查出我有弱的色盲,是不能去念物理系的。所以当时学校告诉我不能报物理专业,但是可以报另外一个专业——气象专业,也是北大物理系的。"

就这样,丁一汇被北京大学物理系气象专业录取,从此开启了半个多世纪与气象气候打交道的故事。

"气象学包含了真正的大气的长期的规律:东风、西风一年四季在吹,这是什么道理?海洋是怎么变的,如何影响大气?太阳又怎么影响我们地球上的气候?五十万年的周期,这个周期为什么会有冰期、间冰期?越来越有兴趣,因此我就爱上这个专业了。"

大学毕业后,丁一汇考入中国科学院地球物理所,之后,就一直留在地球物理所,那时候,丁一汇研究的方向竟有些神秘。

"这是军事方面的一个任务。因为美国的卫星已经发射了,它能够拍各种各样的云,可以追踪这些天气系统的移动,咱们没有啊。那时候就要制造仪器设备,研究怎么接收资料,怎么用这个资料,用在我们的天气预报和军事气象里面。"

卫星气象预报,在当时的国内还是一片空白。丁一汇和研究小组用了两年的时间,不仅摸透了原理,还制造出接收仪器。后来推广到全国。

走出国门　领略气候研究的前沿发展

1979年中美建交,新中国开始向美国派遣留学生,丁一汇成为赴美的第一批成员。当走出国门,接触到世界气候研究领域的前沿发展后,丁一汇深受影响。

"主要有两个原因。第一个原因,当时是厄尔尼诺年。厄尔尼诺当时已被知晓是影响气候的一个重大信号。把这个信号、这个因果关系弄清楚,对气候、气候变化,是一个非常有力的强迫力量。第二个原因,对我影响比较大的,是美国当时已经开始研究气候变化了。"

留美之行让丁一汇获益良多,同时,他也被中美两国在气候研究上的差距深深刺痛。1982年回国后,丁一汇开始全身心投入到气候变化的研究中。由此,中国的气候研究走上了快车道。

当仁不让　任南海季风试验首席科学家

在此后的十几年里,丁一汇辗转在各气象研究部门,但始终处在中国气候研究的第一线。随着东亚气候研究的深入,丁一汇发现在东亚地区,影响气候的主要就是雨季的季风,也就是南海季风。

"中国雨季的格局,决定于季风的来回季节性跳动。如果它发生了异常(比如说6月中要跳到长江流域,若不跳,那就异常),长江流域就没雨,就干旱。所以我们感觉到这就是中国气候的核心问题之一,它不解决,就甭想做好气候预报。因此,我们提出了南海季风试验。"

南海季风试验,在当时是一个国家重大项目,它涉及南海周边多个国家和地区。在中国科学院和中国气象局两家的推动下,国家批准了这一重大研究项目。在有关部门的协助下,南海季风试验,于1995年正式开始。由于南海季风影响到东亚的多个国家和地区,由此,这一由中国牵头的项目,成为一项良好的国际性合作项目。

南海季风试验,共有14个国家和地区参与。在连续几个月的试验中,作为首席科学家的丁一汇,带领项目组获取了大量的数据,取得了许多重要研究成果。

"从那以后,我们对南海季风才真正达到比较深厚的认识,它确确实实就是一个中国季风暴发的信号,大规模地从实践上推动了我们对季风的研究。现在中国对季风的研究,已经达到国际先进水平。"

◆ 勇注直前　奠定中国在国际气候界领先地位

就在南海季风试验筹备进行的同时，另一项重要任务又落在了丁一汇肩上。随着中国经济社会的发展，对气候变化等预测预报的要求，国家气候中心的建立水到渠成。而丁一汇，成为了国家气候中心的第一位主任。

国家气候中心成立后，在国家大力支持下，中国气候界开始研究气候模式系统。这是当年重中之重的大项目，吸纳了七百多名科学家，其中骨干教授、副教授就有七十多名。丁一汇出任这一项目的首席科学家。

"当时我主要是做了两个首席，同时进行的，还有IPCC（政府间气候变化专门委员会）的主席。那个时候因为我精力比较充沛，身体也比较好，都能对付下来。"

如果说南海季风试验，气候模式系统研究，使中国气候研究领域实现了许多从无到有的新突破，那么，丁一汇几次代表中国参加气候评估大会，并在会上先后被推选为副主席、主席，并获连任，更是奠定了中国在国际气候界的领先地位。而这一地位，保留至今。

◆ 主动请辞　当起了一名快乐的教书匠

2000年，从未放慢过脚步的丁一汇，猛然发现，自己竟已62岁。他主动申请退去领导职位，当起了一名快乐的教书匠。

"我在中国科学院大学一个礼拜上一堂两小时或三小时的课，我自己也感到很高兴。也一两百个学生吧，大课，我也能不用麦克风，讲课声音很洪亮。其他时间再做些报告，参加些会议。我也觉得晚年了嘛，能做点事也算不错。"

2005年，丁一汇被评为中国工程院院士。作为一名满载盛誉的院士，丁一汇却说自己需要学习的还有很多。

"我觉得所谓'院士'这个称呼，当然很重要，说明对你这个人的认可，这个我很高兴，应该说也是一个荣誉。但是，在很多实际场合，我自己感觉到，还有很多知识的缺陷。"

如今的丁一汇，早已过了古稀之年，但他仍坚守在自己热爱的事业上。时光也没能磨尽他的锐气和精力。或许是他笑看风云的性格，拖慢了岁月的脚步；或许是他已把生命投入到千变万化的大气研究中去，胸怀也如浩渺无际的烟云，变得无限开阔。

（转引自科普中国《科技名家风采录》）

地球气候已经发生了什么样的变化？

气候变化科学是典型的发展中学科，这是因为气候系统极其复杂，目前人们的认知水平也有限，还不足以回答涉及气候变化的所有重要科学问题，包括人类强迫因子和自然因子对气候变化的作用与相对重要性以及气候突变的原因等，并且地球的气候会不断出现新的现象和变化，这是一个重大的挑战。只有继续加大气候变化科学研究的广度和深度，不断改进和提高认知水平，才能从根本上认识气候变化的规律，从复杂的现象中理解其本质，并掌握地球气候变化的未来。

什么是天气、气候和气候变化？

在了解气候变化之前必须知道什么是天气，它与气候和气候变化有什么不同。

天气是指在短时间内（1～3天）发生的天气现象，如暴雨，大风，雷暴，高温等。气候一般是指平均天气，平均时段一般需30年或以上。因而天气与气候是相互关联和交织在一起的。人们观测和感觉到的是天气变化。虽然天气与气候是密切相关的，但它们又有重要的差别。人们会常问：（1）可以预测未来50年或100年的气候，但为什么不能准确预测未来几星期的天气，这是人们经常感到迷惑的事，实际上是由于引起天气和气候变化发生的基本原因不同所致；（2）在全球变暖条件下，仍会发生寒冷的冬天或出现明显降温的地区和时段，这也是人们经常感到不解的事情。细看图1，将会得到清楚的了解。假定某一地区或地点的温度多年平均条件下呈正态分布。在平均温度处出现的概率最大，偏冷和偏热的天气出现的概率较小。极冷或极热的天气（一般在2倍标准差（σ）以上）出现的可能性很小或没有。假如由于气候变暖的作用，平均值增加了某一数值（见图1（a）中水平箭头向右移动），这时偏热天气出现的概率将明显增加，并且原来从不出现的极热天气现在也可以出现了（见图1（a）的最右端，现在也具有一定的概率值，虽然很小）。相反，偏冷天气出现的概率将大大减少。图1（b）则说明平均值不变，但离差增加后，会造成更多的偏冷或偏热天气，更多的极热或极冷天气。可以看到这几类天气的出现概率都比先前气候条件下的出现概率增大了。图1（a）与（b）不但说明了气候变化可以由气候平均值或离差的变化引起，而且也清楚地说明了气候变化与极端天气事件出现的关系。图1（c）说明平均值与离差都发生变化时的情况。这主要是因为天气与气候是密切关联的，当代表气候的平均值发生变化时，总是导致冷热的极端天气发生频率的变化。但当对天气做时空平均值，就可以明显地突现出全球变暖的事实。

气候变化和气候变率

从统计学上，气候变化是指气候平均状态和离差（距平）两者中的一个或两个一起出现了统计意义上显著的变化。离差值越大，表明气候变化的幅度越大，气候状态不稳定增加。简单地说，它实际上是表征了

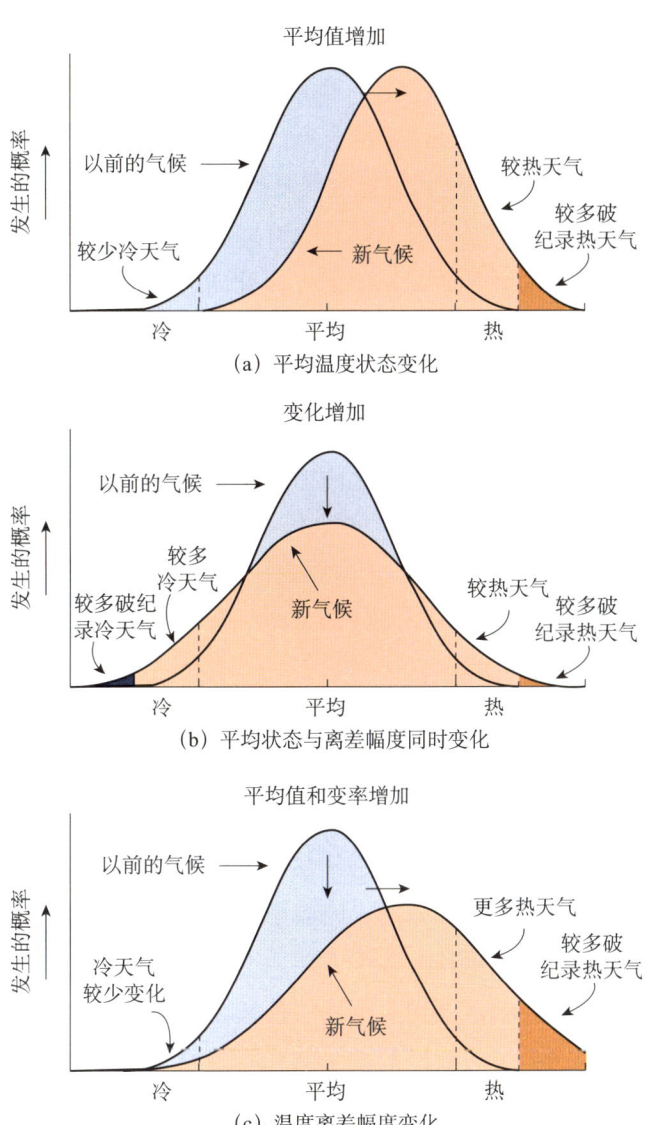

图 1 平均值变化或离差值变化的关系（引自 IPCC，2001）

能持续相当长一段时期的气候态的改变或变迁，如由偏冷的状态转为偏暖的状态或少暴雨期变为多暴雨期，故有人也叫气候变迁。气候变化可以由自然的原因引起，也可以由人类活动的原因造成（《联合国气候变化框架公约》（UNFCCC）的定义），也可以由自然与人类活动的原因共同引起（IPCC的定义）。

气候变率是指所有时空尺度上气候平均态或其他统计量（如标准差，极端事件发生频率）的变化或变异，也可理解为在一个长期气候变化趋势或平均态上迭加的各种时间尺度的气候脉动或距平的变化。它有年代际、年际、年、季、季节内与高频变化。有局地尺度、区域尺度、大陆尺度和全球尺度。气候变率经常导致一段时间内天气与气候的异常。它可以是大气内部的变率（动力学引起），也可由自然的和人类活动产生的外强迫引起。气候变率和气候变化的差别主要是语义上的：如所关注的变化发生在某一特定时段（如20世纪），则称其为该时段内的气候变率；如涉及两个连续时代（如20世纪上半叶与下半叶）的差异（气候态或离差）的变化，则被称为从一个时代到下一个时代的气候变化，如冰期与间冰期。

气候系统

气候系统是指地球的大气圈、水圈（包括海洋）、冰冻圈、生物圈、岩石圈5个圈层的统称。它们既是气候系统中各自独立的圈层，又在气候系统内部发生着密切相互作用。因而考察全球气候变暖不仅要观测大气圈的变化，还需要观测其他各个圈层的变化。科学家们设计了几十个定量的指标来监测和测量上述5个圈层的长期变化，以此共同来确定地球上的气候是否产生了一致性的增暖或变冷现象。由此得到的结果才能令人信服或被称为"不争的事实"。

◆ 气候变化研究的主要结果是什么？

通过IPCC组织了全球相关领域的众多科学家在过去25年间对全球

气候变化所做的五次评估报告表明,至少得到下列 6 个方面的重大成果或共识:

1. 近百年全球地表和对流层大气的温度明显升高,即全球气候变暖是全面分析多种观测数据所得到的确定结论,且已得到国际社会和科学界的广泛认同。

2. 近 15 年发生的气候变暖停滞并没有改变近百年全球气候变暖的总体趋势,个别地区、某个时段,甚至半球尺度出现的冷事件只是气候自然波动的表现,它主要影响气候变暖增温的速率。

3. 自然因素和人类活动都能使气候发生变化,人类活动是 20 世纪后半叶以来全球气候变暖的主要原因,其可信度很高。

4. 预计 21 世纪全球将持续变暖,极端事件频率、持续时间和范围增加。

5. 气候变化对自然系统和社会系统都产生了重要影响。未来的影响利弊共存,但弊大于利,负面影响程度将加深加重。

6. 2 ℃增温被确认为全球气候未来增暖的阈值。这种广泛共识的科学结论已成为人类适应气候变化和制定减排战略与行动的共同目标。

◆ 我们如何知道近百年全球气候在变暖?

由观测气候系统变化的多种测量指标表明:近百年全球气候变化主要表现为全球变暖。这些指标表明:全球陆面气温不断上升,海表温度不断上升,海洋上的气温也不断上升,对流层温度上升,海洋中上层热含量增加,大气比湿或水汽含量增加,海平面明显上升并呈现加速趋势,夏季北极海冰快速融化,北半球春季积雪区明显减少,全球冰川面积和质量迅速减少等。图 2 直观而简明地描绘了上述气候系统多种测量指标的长期变化情况。

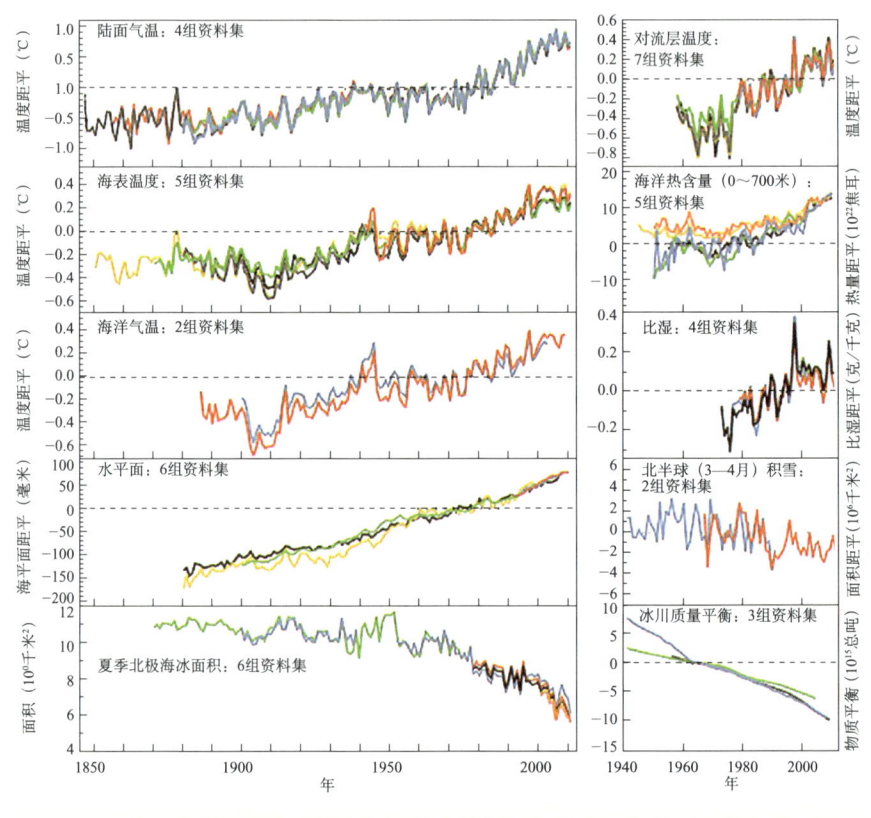

图2 全球气候系统各圈层观测到的多种指标变化（引自 IPCC，2013）

其中，需要重点指出下述几个方面：

1. 全球百年地表（陆面加海洋）气温的变化表现出明显的增温趋势（图3）。全球气候变暖趋势是真实的，不但大气在增温，而且整个气候系统都在增温。同时大气中 CO_2 等温室气体浓度也不断上升。但在百年的增温曲线上还迭加有长周期（60~80 年）和短周期（数年）的脉动。近百年经历了2次快速升温期和2次升温停滞期。因而更确切地说，全球气候变化是在冷暖波动中不断升温的。从 1998 年开始，全球变暖又进入趋缓或停滞期。

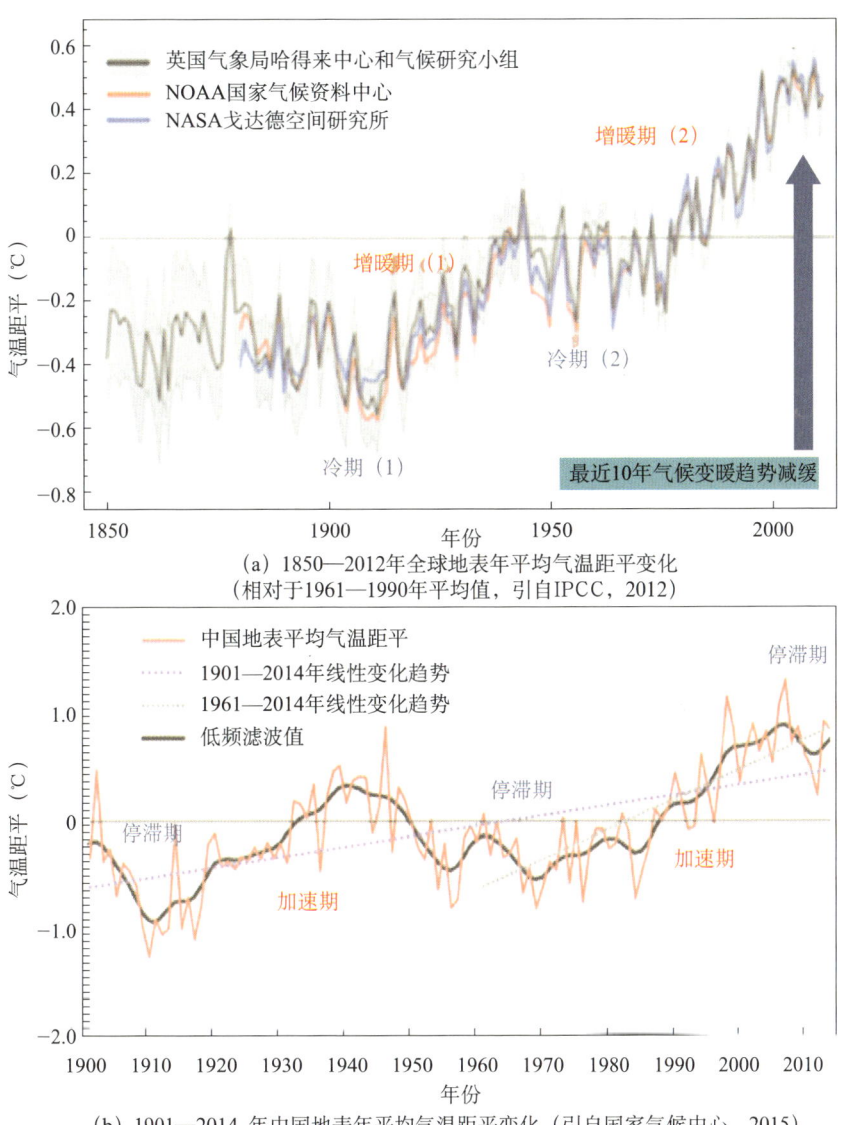

(a) 1850—2012年全球地表年平均气温距平变化
（相对于1961—1990年平均值，引自IPCC，2012）

(b) 1901—2014年中国地表年平均气温距平变化（引自国家气候中心，2015）

图3 地表年平均气温距平变化

2. 全球气候变化不但造成了全球气候的变暖,而且也使极端气候事件的频率和强度发生了变化。最明显的如强降水事件的增加,区域干旱加剧(如北美中部和澳大利亚西北部以及地中海和西非地区),冷昼和冷夜发生的频率减少,热昼和热夜发生的频率增加,高温热浪事件的发生频率和强度增加,北大西洋和西北太平洋飓风或台风强度增加等(图4)。因而全球气候的变化不但造成了平均气候态的变化,也造成了极端事件发生频率的明显变化,它们共同导致了全球气象灾害频繁的发生和更严重的经济和生命财产损失。

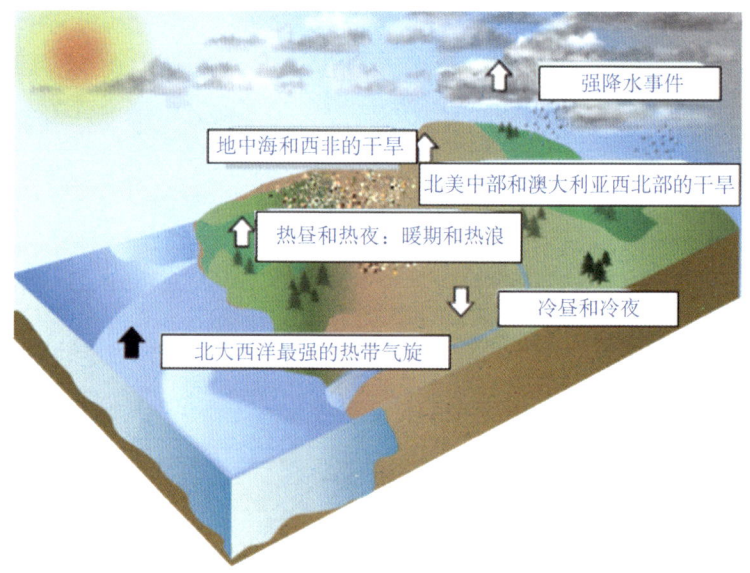

图4 极端气候事件频率的变化:从20世纪中叶开始(北大西洋风暴除外,其开始于20世纪70年代)的不同极端气候事件频率(或强度)发展趋势(箭头方向表示变化趋势)(引自IPCC,2013)

3. 全球的海洋也在增暖。根据长期的海洋观测资料和近代Argo海洋观测系统的测量,不但海表和上层海洋在增暖,中层和深层海洋也在增暖,并且有更多的热量向海洋深层转移(图5)。

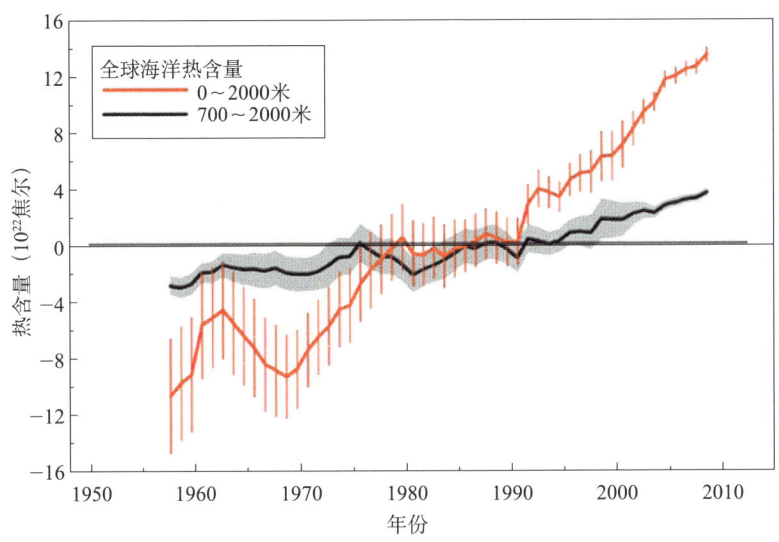

图 5　全球海洋热含量变化

(垂直线和阴影区为正负两个标准差变化范围，引自世界银行，2013)

4. 全球气候变化不但造成全球地表温度的上升，而且也造成了对流层温度的上升（图 6）。卫星观测和探空资料的分析都表明对流层温度上升是显著的，同时，平流层大气温度表现出降冷的趋势。这种平流层和对流层温度变化相反趋势的特征反映了温室效应影响的结果，而这种温室效应主要是由于大气中温室气体增加的结果。

5. 全球气候变化正改变着全球的水循环和区域水循环，总体上使水循环加速。从全球尺度看，中高纬度和热带的降水与蒸发差值在增加，而副热带在减少，这使前者变湿，而后者变干。对于区域尺度，水循环决定于温度增加和区域环流的变化。由于气候变暖，大气中水汽含量增加，根据克劳修斯-克拉珀龙公式，大气温度每增加 1 ℃，大气中水汽含量增加 7％。同时，由于海洋的蒸发增加，如果大气环流形势有利，可使海洋向陆地的水汽输送增加。因而，可造成天气系统中降水量和强度明显的增加。反之，在不利环流条件下则会造成区域干旱的发展。

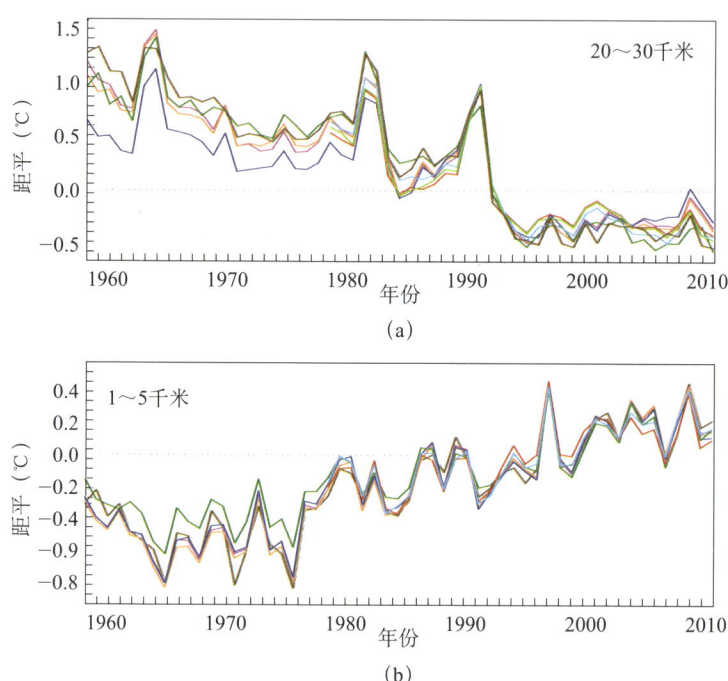

图 6　1981—2010 年不同资料集（卫星观测和探空资料等）得到的平流层下部（a）和对流层下部（b）全球温度距平变化曲线（引自 IPCC，2013）

6. 北极地区的增温为全球其他地区的 2 倍甚至更高（这被称作北极增幅）。最近的北极增暖和相关的海冰损失不但对北极地区的天气气候有显著影响，而且对北半球中纬度的天气气候也有明显的作用。北极变暖的影响主要表现为以下 3 点。

（1）9 月海冰面积自 1979 年以来以 12.4％每 10 年的速率下降，结果到 2012 年近乎一半的海冰面积覆盖消失。

（2）这种海冰范围的减少也造成了约 1.8 米（40％）冬季平均冰厚的减少。

（3）海冰体积的损失为 75％～80％。

7. 春夏雪盖甚至以比海冰更快的速度减少。春季雪盖的减少既对北半球中高纬陆地地表温度在暖季的升温有贡献，也对春夏北极增幅中起重要作用。

8. 海平面上升自1993年以后出现加速趋势。卫星观测表明，由前期的1.9毫米/年增加到3.2毫米/年。随着格陵兰冰盖和南极冰盖（尤其是西南极）的融化，进一步促进了海平面上升高度的增加。自1990—2012年由于格陵兰冰盖的融化，全球海平面上升了8毫米，而南极冰盖西南极的增暖和海冰融化使海平面上升了6毫米。

◆ 全球气候变化的原因

气候变化的原因分两大类，外部的强迫与气候系统内部的变率。外强迫包括自然原因与人类活动的原因两种：前者指太阳活动与火山活动；后者指人类活动产生的温室气体和气溶胶排放以及土地利用的变化。内部变率指气候系统5个圈层相互作用产生的耦合强迫与大气内部的变率。因而，全球气候变化是由多种因子造成的综合结果和表现。应该强调，虽然气候变化可由内部过程和（或）外强迫引起，但了解气候变化的关键目的是认识由人类活动和自然外强迫产生的气候变化，以及如何区分它们与气候系统内部过程造成的变化与变率之间的差别。内部变率表现在各种时间尺度上。大气过程能产生内部变率，其时间尺度从极短的瞬间到数年。气候系统的其他分量，如海洋和大冰盖产生的变率时间尺度则长得多。它们按自身的演变过程产生一定的内部变率，并且也与迅速变化的大气引起的变率混合在一起。此外，地球气候系统的各圈层的耦合相互作用也产生内部变率，ENSO（恩索，厄尔尼诺与南方涛动）就是一明显的例子。但要区分外部影响的作用与内部气候变率是不容易的。这需要根据观测资料的分析和对气候系统的物理与生物-化学过程的认识。这是气候变化的检测和归因研究，它主要是用客观统计方法检验观测资料中是否包含预期的对外强迫响应的证据，并评估它是否与气候系统内产生的变化（内部变率）有区别。

应该指出，不同时期气候变化的主要驱动力是不完全相同的。对于地质年代气候变化的驱动力是：地质构造的变化包括大陆漂移造成的板块运动；地壳运动引起的 CO_2 等温室气体的排放，如变质岩作用；太阳活动；火山，以及近百万年以来地球轨道参数等自然变化（十万年周期）。一亿年以后，地质构造和地壳运动的变化逐渐稳定下来，对气候的影响减弱，之后气候的演变主要受火山、太阳活动、温室气体、轨道参数变化的影响，它们成为地球气候演变的主要自然驱动力。轨道参数的变化被认为是气候变化的启动机制。近百年气候变化的驱动力主要为：太阳活动、火山与人类排放的温室气体和气溶胶，其中温室气体和气溶胶为近50年气候变化的主要驱动力。轨道参数的变化只是近代气候变化的长期背景。图7（a）表明，在1750年之前，温室气体的浓度稳定在280 ppmv*，之后，快速地上升，这与工业化开始大量使用化石燃料的时间大致一致。2016年，大气中 CO_2 的浓度已突破了400 ppmv，远远超过了80万年以来自然变化引起的 CO_2 浓度的变化幅度（图7（b））。作为一种外强迫因子，必然会增加温室效应，造成大气顶辐射强迫的不平衡，产生正的辐射强迫，驱动气候系统的变暖。

现在科学家已经能够定量估计气候变化的原因以及主要驱动力的相对贡献。1951年以来观测到的全球变暖能够归因于不同的自然和人类活动产生的驱动因子，其贡献大小可以量化如下：

（1）温室气体对1951—2010年全球地表温度增加的贡献可能在0.5~1.3 ℃。

（2）其他人类活动强迫（包括气溶胶的冷却作用）可能为-0.6~

---

* 1 ppm 表示百万分之一，v 指体积。1 ppmv 相当于1立方米空气中该气体含量为1毫升。

0.1 ℃。

(3) 自然强迫的贡献可能为−0.1~0.1 ℃。

(4) 内部变率可能在−0.1~0.1 ℃。

上述 4 种驱动因子之和与此时期观测到的约 0.6 ℃增暖一致。

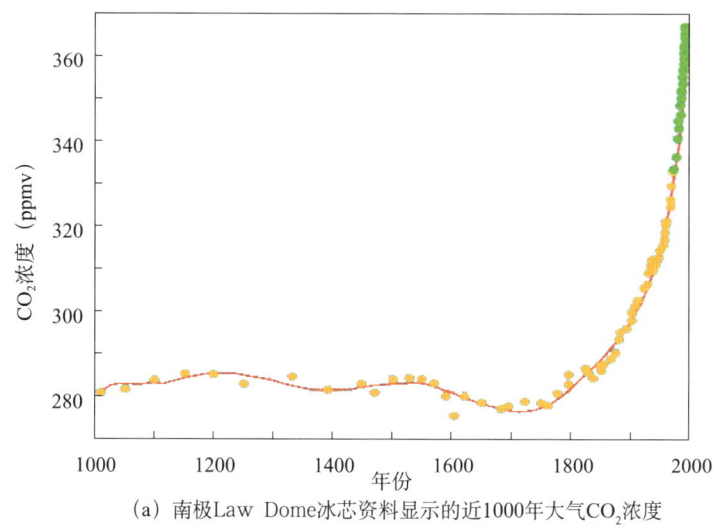

(a) 南极Law Dome冰芯资料显示的近1000年大气CO_2浓度
（工业化（1750年）以来，大气中温室气体明显增加）

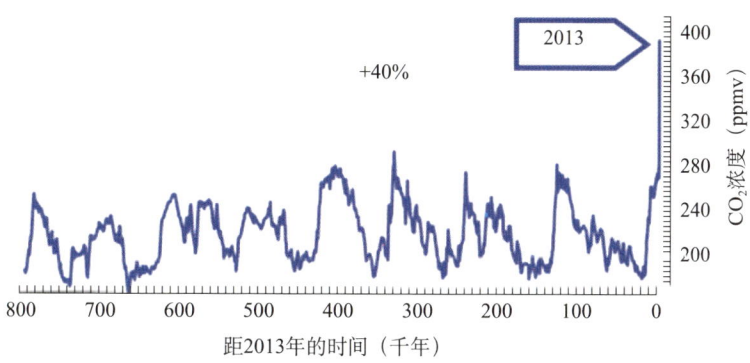

(b) 由南极冰芯得到的过去80万年以来CO_2浓度的变化

图 7　冰芯资料显示的 CO_2 浓度变化（引自 Lüthi et al., 2008, NOAA）

总之,地球的气候不断地在变化着,但地质年代的气候变化总体上在时间上是缓慢的,而现代气候变化是快速的,这种变化速度是空前的,并且二氧化碳与温度变化总是以响应—反馈循环以大致相同的趋势在演变。二氧化碳是气候变化的一个关键驱动力。近百年的现代气候变化是由自然的气候波动与人类活动共同造成,而近50年的全球变暖主要是由人类活动造成。有多个证据可以支持这个结论。这种科学的共识导致了国际上政治层面的重大决策,即制定了《联合国气候变化框架公约》与《京都议定书》以及哥本哈根大会提出的"2 ℃阈值"。

气候变化的影响是什么?

◆ 全球气候变化对自然系统和社会系统的影响

气候变化对自然系统和社会系统都产生了重要影响,未来的影响利弊共存,弊大于利。但随着增温量值和速率明显增加,负面影响程度将加深加重,给人类社会的可持续性发展和生存环境带来灾难性风险。

近百年全球许多地区极端天气气候灾害趋重,损失加大。1970—2008年,95%以上由自然灾害造成的死亡发生在防灾和减灾能力较弱的发展中国家。气候的趋势性暖化也对自然生态系统和经济社会系统产生重大负面影响,某些负面影响甚至是不可逆的。如淡水资源短缺的威胁不断加大;许多地区的生态系统发生明显退化;农业减产的风险加大等。

研究表明,近几十年来气候变化对所有大陆和海洋的自然和人类系统都引起了不同程度的影响,这些影响无论其原因如何,都是由观测到的实际气候变化引起。这清楚地指示出自然和人类系统对变化的气候是敏感的，有些甚至是不可逆的。

气候变化的影响表现在许多方面

在许多地区，变化的降水或融雪，融冰正改变着水文系统，多方面影响水资源。许多陆地、淡水和海洋物种已经改变了它们居住的地理范围、季节的活动、迁移路线、丰度和物种间的相互作用。

许多地区和农业作物与气候变化关系的研究表明：气候变化对作物的负面影响比正面影响更常出现。不同地区的脆弱性和暴露度的差异虽然不是由气候因子造成的，而是由不均衡的社会经济发展过程和自然条件造成，但这种差别可导致对气候变化影响的不同风险。

与气候变化相关的极端事件如热浪、干旱、洪水、气旋、野火显示出，某些生态系统和许多人类系统对现代气候异常具有显著的脆弱性和暴露度。气候相关的灾害能够加剧其他的致灾因子，导致多种灾害叠加，特别是对于贫穷国家经常对人居造成负面影响。

气候变化对环境污染也有明显的影响

近地表大气环境质量主要是以排放为驱动，但天气与气候条件的变化也是重要因素，两者相互作用可加剧区域大气环境质量恶化的持续性和严重性。区域空气质量（臭氧和 $PM_{2.5}$（细颗粒物）等）主要受排放水平（氮氧化物，NH_3，二氧化硫，非甲烷挥发性有机物，黑碳等污染物）的影响。但受污染地区的局地温度如果升高，会引发局地化学和排放正反馈，从而推高臭氧和 $PM_{2.5}$ 水平。对于 $PM_{2.5}$，气候变化可能会改变自然气溶胶以及降雨对其清除作用。气候变化会影响水质，主要是温度升高导致强降雨和干旱频发，强降雨情况下的营养物质和污染物的集中释放、干旱情况下的污染物稀释能力降低以及发生洪水导致污染物处理设施的损毁等，都会恶化区域水质。

以降低温室气体排放为核心目标的减缓气候变化整体上会产生较为

显著的污染物减排效果。对于污染较为严重的区域,这种环境与气候变化协同效应将更加明显。

◆ 全球气候变化对中国的影响

根据中国科学家的研究,对于中国最明显的影响为(图8):(1)中国的降水格局发生了重大变化,东部出现了南涝北旱的异常分布;(2)近30年,海平面以每年2.6毫米的速度上升,超过了全球每年1.8毫米的上升速度;(3)冰川迅速的融化和退却;(4)极端天气气候事件造成的灾害增多、增强,灾害损失明显增大,农业增产的风险也相应增大;(5)不少地区的生态系统脆弱性增加。造成上述影响和后果的原因,

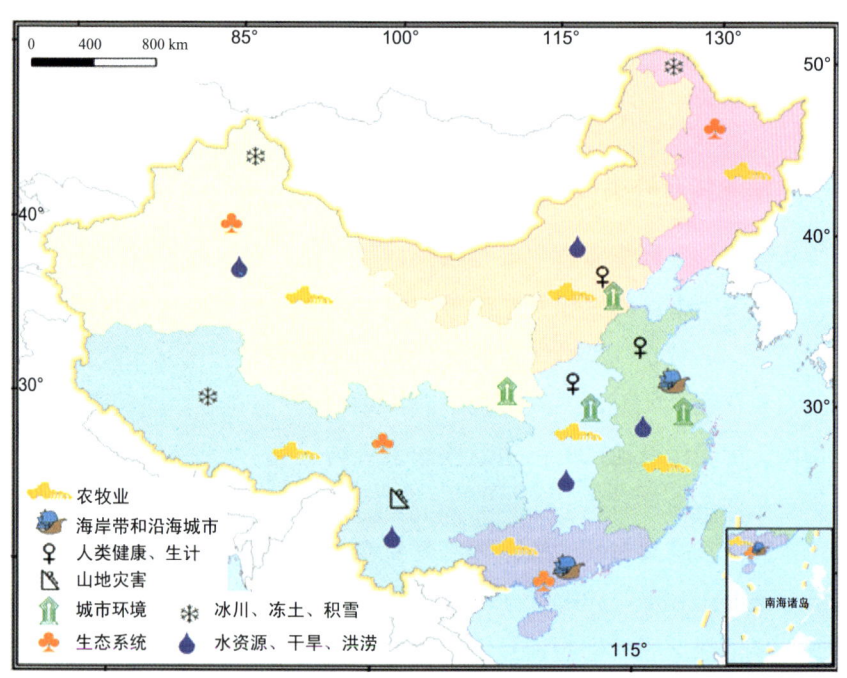

图8 全球气候变化对中国的影响示意图(引自姜彤,2014)

一是由于气候变暖后，全球和区域的水循环发生了明显改变，大气中的实际水汽量和持水能力都增加，具有形成更强降水的潜力；二是大气环流发生了十分异常的变化，这包括更经常的出现经向环流形式，这使冷暖空气和干湿气流更易发生强烈的南北交换，从而使水汽在一个地区阻塞和集中，而在另一个地区流出和损耗，前者造成大暴雨，后者则造成持续性干旱。2010年7—8月，俄罗斯高温热浪和森林大火与巴基斯坦大洪水的同时发生就是明显的例证。同时期在其下游，我国东北松花江大洪水与日本的长期热浪也同时发生，它们分别给我国东北和日本造成了严重的灾害。

气候变化的阈值

气候变化阈值提出的背景：经济社会可持续性发展的要求

《联合国气候变化框架公约》中第二条指出：公约以及任何相关的法律条文的最终目的是把大气中温室气体的浓度稳定在一定水平上，以防止对气候系统产生危险的人类干扰，使生态系统有足够的时间自然地适应气候变化，确保粮食生产不受威胁，和经济得到可持续发展。因而需要确定：什么构成了危险的人类干扰？这涉及价值判断问题；但科学能够为此提供信息化决策，即主要提出关键脆弱性判据。因而关键脆弱性是确定气候变化阈值的前提和条件。

气候系统内的许多分量或现象具有潜在的阈值。一旦超过阈值将能够导致突然或不可逆的状态过渡，即气候系统或其分量变为一种不同的状态。突然的气候变化被定义为在几十年或更短时期内气候系统发生了大尺度变化，并持续至少几十年，并引起人类和自然系统的大幅度扰动和破坏。最易受到这种突然变化的例子是大西洋经向翻转环流（AMO）强度变化，甲烷水合物的释放，热带和北方森林的死亡，北冰洋夏季海冰的消失，长期的干旱和季风环流。由上可见，UNFCCC的最终目标是将大气中温室气体浓度稳定在一定水平上,但目前主要是限制全球温度的增加,而不是限制温室气体浓度。2009—2010年哥本哈根会议取得了2 ℃增温(相对于工业革命前)作为气候阈值的共识。但应指出,不可能确定一个单一的临界阈值去适用于不同地区或不同条件,并且气温的稳定也并不一定意味着整个气候系统的稳定化。温度的目标从本质上意味着气候系统的总辐射强迫具有一定的上限。

另一方面,气候变化阈值的提出也有明确的科学背景,主要为避免超过"翻转点"并导致气候突变的风险。气候系统的演变具有明显的非线性特征,即从物理概念表现为"小事件能够产生大的差别",即在一特定时刻,一种小的变化对一系统能造成大的,长期的后果。引入"翻转点"这个词是为描述地球系统的大尺度分系统(或分量),在某种条件下通过小扰动能够转换成一种性质不同的状态。翻转点也是相应的临界点。通过这一点,系统的状态性质发生了改变,对于气候系统,翻转点是该系统的一个重要因素,气候系统可能在21世纪通过翻转点,经历在千年时期的性质变化。通过一个翻转点即被看作是一次"高影响低概率"事件。因而这也提出了早期预警能力的需求。一个翻转点也能看作是代表气候的时间的频率分布,其外形或位置发生了非线性改变。在该频率分布的两端(尾部)即为极端事件。

为什么提出气候变化影响的2 ℃阈值问题?

"2 ℃阈值"与全球温室气体控制长期目标密切相关。科学界非常重视"2 ℃阈值"所涉及的科学问题,认为这是全球进行减排行动依据的第一个量化的约束性指标。也是为避免达到4 ℃*必需实现的前提目标。IPCC第四次评估报告认为,与工业化前相比,如果全球平均增温幅度超过2~3 ℃,生态系统会出现重大改变;部分地区粮食生产潜力可能会降

---

* 2009年,英国气象局发表一份报告称,若全球平均气温上升4 ℃,世界各地会经常出现干旱、暴雨等极端天气事件。

低；很可能在所有区域经济效益都会减少，损失加重。如果增温 4.5 ℃，全球平均国内生产总值（GDP）损失可达 1%～5%。如果要把全球增温幅度控制在 2 ℃以内，全球温室气体排放要在 2020 年之后开始下降，且 2050 年排放量要比目前减少一半。最近世界银行报告指出，没有证据显示人类社会有能力适应"4 ℃世界"，未来气候变化的影响程度将取决于政府、企业和公众的决定和选择；"4 ℃世界"是能够避免也是一定要避免的。

概括起来，全球气候变化有两个方面的重大影响：气候变暖对气候系统各圈层的影响和极端天气与气候事件加剧与频发。前者是全球性和长期的，后者主要是区域或局地性短期的（急性发生与缓慢发生），原因不同，但密切相关。

2 ℃阈值对全球减排战略的影响

在 IPCC 第五次评估报告中，定义了一个新的气候敏感性量，即瞬变气候对累积碳排放的响应。它表征每 1 万亿吨碳被排放到大气后，全球地表温度的变化。对每 1 万亿吨碳，温度距平可能在 0.8～2.5 ℃之间。这个敏感性参数可用于累积排放达 2 万亿吨碳的情况，这时温度达到峰值。从 1870 年至今，已排放了 5000 亿吨碳，达到 2 ℃时，可排 15 000 吨碳，尚剩 10 000 亿吨碳为未来排放的空间。这个排放量将是全球决定减排目标的上限。全球气候已经对气候系统与人类系统的许多方面产生了重要的影响，其中有些已产生了重大的气象灾害，并且随着气候变暖的继续，灾害的风险也在增加。因而，应对气候变化必然导致建立早期预警系统的需求。早期预警系统由影响和风险评估，科学预测，预警方案制定，有效的通信方式以及全社会协同而正确的响应能力组成。目前，科学界认为，这种气候阈值的早期预警系统是可行的。它能帮助各国政府和相关部门更有效地管理日益增加的气候风险，特别是超过不同阈值的气候变化影响所造成的风险。即使进一步的研究表明，由于预测的不确定性，准确的早期预警系统在实际上尚难以实现，但是它仍然可以提供各种阈值对气候内部变率（噪音）引起的变化脆弱性的信息。

气候变化的适应及减缓战略

一个城市的主要生态系统，文化和经济社会基础设施是根据这个地区今天与最近的过去气候条件构建的。气候变暖以后，为了适应更暖的气候条件和相关的天气变化上述系统必须改变或重建，这种经费的投入是很巨大的，例如冬季的运动设施、排水工程、建筑、供暖、水资源和供水系统、农业耕作等都会受到重要影响。所谓适应工程就是提前进行各种基础设施的改造和重新设计。如果未来的气候变化太快，目前的各种文化，社会与经济基础设施与改变的和将继续改变的气候条件越来越不匹配，适应工程成功的风险愈大气候变化负面影响的风险也愈大，结果可导致重大灾难性风险。这个道理与自然环境的变化是一致的。它说明，气候变化适应是愈加困难，花费是巨大的，并且不能保证获得成功。因而把气候变化的速度与幅度控制在一定的临界值之下是极为重要的前提。另一个问题是在存在科学不确定性的情况下，是否有必要采取适应措施和减少温室气体排放的行动？

这个问题的回答是：在面临科学不确定性的情况下是否采取行动不是一个科学问题，而是一种政治决策，它需要通过风险评估和风险管理途径来决定。在这个过程中，科学家可在气候变化的风险和影响程度，尤其是变化的速度、量级，关键脆弱区等方面提供科学意见，至于减排行动什么时候做，如何做也是一个政治决策问题。但科学家的研究表明，气候系统对于排放的变化响应很慢，愈早开始采取预防行动愈是明智和深谋远虑的。这是由两个原因造成的：未来的气候变化可能更快、更大；社会和全球气候系统都有明显的惯性，前者指文化行为和技术改造的过程，后者是辐射强迫的变化。只有尽早采取行动才可减缓气候变化的可能速度，以减少风险。但应该指出，即使在全球减排行动采取之后，现代的气候变暖也不会停止或逆转,只能减缓变化的速度,以允许生物系统和人类社会有更多的时间去适应,也就是说,将来的气候变化与灾害是不可避免的。因而适应行动是必要的。

这里有两个科学问题:

(1) 气候系统有很大的惯性,主要因为海洋的响应很慢,即海洋还未完全增暖到现在温室气体浓度下应达到的水平。即使对大气,对现代温室气体增加所造成的全球辐射不平衡之响应也未完全实现。如果所有的排放今天立即停止,海洋将会持续地增暖几十年,直到最后它达到一个新的平衡态。

(2) 虽然全球温室气体排放能通过减排减缓,但它仍需相当时间从化石经济过渡为清洁、低碳和可再生能源为主的经济形式。因而还会有进一步的排放和增暖的逐渐增加。由于在将来这是不可避免的,因而适应气候变化在长时期是必需的,但为了减慢和最终停止全球排放的上升,减缓行动是根本性措施。只要大气的温室气体浓度增加,将继续会产生正强迫,即对气候有增暖效应,因而减缓行动的第一步是稳定大气的温室气体浓度。

李维京
说气候预测

走近李维京

已步入耳顺之年的国家气候中心首席科学家李维京,对待朋友和事业总保持着谦虚与真诚。他常说,对事业不能索取太多,只要尽心尽力做好自己的工作,自然会得到相应的回报。作为享受国务院政府特殊津贴专家、国家科学技术进步奖一等奖获得者,李维京的科研态度用四个字概括,就是"无求无惑"。

国之所需,民之所求,我力往之。一直从事气候预测工作的李维京始终认为,只有把国家的需求作为自己选择的方向,才能得到最大发展。"如果从事了国家需要的工作,那意义是很了不起的。"他既是这样说的,也是这样做的。

● 热爱是成功的前提责任促使更加努力

1990年,李维京从兰州大学大气动力学专业博士毕业后来到中国气象局,在国家气象中心从事长期天气预报工作。"当时国内这方面人才比较匮乏,不少同学都选择了出国。我留下来,是觉得在国内工作更能发挥专长。"李维京经常说,把个人兴趣和国家需求结合起来,是他一生中最重要的选择。

国家气候中心于1995年成立,李维京顺理成章加入该中心的气候预测团队并工作至今。其间，李维京建立了我国月动力延伸集合预报业务系统。该系统被评为"九五"国家重点科技攻关计划优秀科技成果，且是目前我国月气候预测主要参考方法之一。李维京也凭此获得了"'九五'国家重点科技攻关计划先进个人"荣誉称号。

李维京认为，取得成功的前提必然是热爱所从事的事业。对于他来说，工作的责任感不仅激发了兴趣，更让他找到实现自我价值的途径。"我对工作的兴趣也不是一下子就建立起来的，而是在工作中慢慢形成的。当体会到这项工作的价值和意义时，你自然就会热爱它。"

李维京说，他永远忘不了1998年时，自己作为国家气候中心主班预报员的经历。在当年4月的汛期天气预测会商中，以他带领的预报团队发现预报指标信号极其异常：根据分析，长江流域在汛期降雨量将比常年高出50%。这一预报关系到国家和人民的重大生命财产安全。作为主班预报员，李维京要对预报结果全权负责，他感到了前所未有的压力。在经过严密分析和多次讨论之后，李维京果断做出长江流域降水异常偏多的预报。

这份预报结论得到国务院高度重视，并据此提前部署防汛工作。那年，长江流域灾情牵动全国，也让李维京深感肩上责任重大："这么严重的灾情，如果没有提前预报的话，防汛物资是难以短时间内调集并运往灾区的。"由于成功预测1998年长江流域夏季洪涝，李维京被评为全国抗洪模范，同时被科技部评为1998年全国科技界抗洪救灾先进个人。

然而，比起成功的预报，不成功的案例却让他记得更为清楚。李维京说，唯有不断反思错误，才能更好地探索气候异常规律。"1983年、1991年、1997年、1999年和2003年，这些都是我们预报存在偏差的年份。不用去本子上查，我把它们一个一个都记在了心里。1983年出现了一次很强的厄尔尼诺事件，当时，我们对于厄尔尼诺事件影响我国降水异常的认识和现在是完全相反的，认为长江流域会少雨，但实际是多雨的。正是因为吸取了1983年的经验、教训，当1998年出现厄尔尼诺事件时，我们便准确预判了长江流域将多雨。1999年是拉尼娜年，与1998年的情况正好相反，所以我们认为长江流域应该少雨，事实上长江中下游降水依旧很多，这使我们意识到，在拉尼娜年长江流域不一定会少雨，这种外强迫的影响是非对称的。"

"发现问题然后解决问题，这就是科研的过程。"李维京说。

气候预测关系国计民生 科研探索永无止境

气候预测虽然意义重大，却不像天气预报那样，被更多人关注、了解。自己奋斗一生的事业，却是公众普遍缺乏了解、甚至存在误解的，对此，李维京虽感到一丝遗憾，却也豁达："目前，气候预测结论尚不向公众发布，这是由气候预测工作的特点所决定的。"

李维京说，气候预测结论不对公众发布，并不是因为预测结论"不靠谱"，相反，我国气候预测水平一点也不差。"我国气候预测的准确率在65%～70%，在国际上也属于先进水平，可以比肩美国、日本等发达国家。另一方面，我国在21世纪50年代就开展了气候预测业务，这方面的经验比外国还要丰富一些。"李维京说。

当然，由于预测时效较长、不确定性较大，单从数字上看，气候预测的准确性仍难以与准确率往往达到90%甚至更高的天气预报相比。但是，这并不妨碍气候预测在国家重大决策中扮演关键角色。"譬如，今年冬天会不会发生像2008年一样的低温雨雪冰冻天气？经过针对性研究，我们认为不会发生。对这种'是'或'否'的问题，我们是有把握的。这些建议对于国家部署防灾减灾工作是非常有参考价值的。"李维京说。

除了防灾减灾，重大工程往往也需要气候预测"保驾护航"。李维京透露，在南水北调工程建设过程中，政府部门曾咨询气象部门华北地区未来几年会不会出现严重干旱，如果"会"，政府将增加投入，加快工程进度。通过对全球变暖气候背景及其对我国影响的分析后，李维京和同事认为，我国主雨带会由南向北移动，华北地区发生严重干旱可能性较小。在听取气候预测结论后，工程最终按原计划建设。除了南水北调工程，气候预测对青藏铁路、三峡水库建设等重大工程都做出重要贡献。

如今，虽然已经离开业务一线，李维京仍经常与预报员交流预报思路。他说，不论做任何研究，都会发现，未知的领域不是越来越少，而是越来越多。社会在发展，人类活动在变化，对气候的影响也在不断改变，如果总沿用老经验去判断新现象，很容易失败，因此，必须坚持学习、不断钻研。

(转引自《中国气象报》2015年12月4日第1版和第3版)

气候预测都预测什么

◆ 短期气候预测的定义与预测对象

一般来说，1～3天时间尺度的天气预报为短期天气预报，4～10天的预报为中期天气预报，10天以上到1个月的预报称之为延伸期预报，以上3种预报统称为天气预报；对于月、季和年际时间尺度气候变率和气候异常的预测称之为短期气候预测；而对于十年以上至百年或更长的时间尺度，称为气候变化预估。

短期气候预测是现代气候业务的核心，对于国家防灾减灾与经济社会建设具有重要意义。主要由国家级、区域和省级气候业务部门承担气候预测业务工作。国家级面向国家宏观决策提供全国气候趋势预测，特别注重对未来旱涝等极端气候事件形成的气象灾害的预测，负责全球和全国各类气候观测数据收集处理、气候监测与诊断分析，气候系统预测模式研发，气候预测业务系统建设及全球、亚洲区域和中国气候监测、气候预测产品制作和发布，并对区域和省级以下进行气候预测业务指导。区域和省级负责协调本区域或省内的气候预测业务工作，在现代气候预测业务布局中起着承上启下的纽带作用，承担国家级气候预测指导产品的解释应用和评估反馈；牵头协调开展本区域或本省具有特色的气候预测方法的研发，并负责针对本区域或本省气候预测业务产品制作和发布。省级在国家级和区域（流域）级的指导下开展省级气候业务服务工作，在布局中起着骨干作用；负责对国家级指导产品释用订正和评估反馈，发展有区域特色的气候预测方法；加强对本地区气象灾害的监测和评估，为地方政府提供气候预测决策服务。

当前中国的短期气候预测主要有月、季、年际时间尺度气候预测以及跨季度的汛期旱涝趋势预测。月气候预测于每个月 23—24 日，发布下一个月的月平均气温距平与降水距平百分比的预测。每年 4 月初进行汛期旱涝趋势预测，特别是针对 6—8 月全国降水雨带的位置、夏季降水距平百分率分布和旱涝灾害以及夏季东北低温及登陆台风频数及其可能的灾害趋势预测。此外，还开展年度气候预测，每年 11 月预测当年冬季到翌年秋季的逐月气温、降水量距平分布，特别关注冬春季极端低温、冰雪灾害以及干旱等灾害的预测。

根据服务的需要和科学发展的实际水平，目前我国短期气候预测的对象主要是针对全国和重点地区月、季节时间尺度的气候趋势预测，重点是干旱、洪涝和高温热浪、低温冷害等灾害性气候的预测。具体气候预测项目包括：降水距平百分率、温度距平、冷空气过程、热带气旋频数、南方春播天气条件、北方初霜期、北方沙尘次数、森林草原火险等级以及重点地区雨季的起讫日期和强度，如华南汛期、江淮梅雨、华北雨季、华西秋雨等。随着气候预测技术的发展，也会增加新的气候预测项目，提高气候预测客观化水平和定量化程度，以更好满足政府决策和公众对气候预测信息的需求。

● 中国短期气候预测的历程

从 1960 年开始，每年 4 月初举行全国汛期气候趋势预测会商会，也已持续近 60 年而未中断，成为从事气候预测业务和科研工作的学者进行会商讨论与学术交流的平台，是我国气候预测业务发展历程的真实写照，记载了中国几代气候学家为我国气候预测业务发展奉献的历史见证。从 20 世纪 90 年代以来，我国气候预测业务的综合能力和水平有了显著的提高。特别是 1995 年 1 月国家气候中心成立以后，为了加强气候业务的国际合作与交流，1997 年由中日韩三国发起，于每年 4 月上中旬进行东亚夏季风预测联合会商会，2000 年开始于每年 11 月中下旬进行东亚冬季风气候趋势预测会商会。其中针对东亚夏季风及其气候异常预测的会商会，自 2005 年发展为世界气象组织（WMO）区域气候中心——北京气候中心（BCC）组织的亚洲区域气候监测、预测和评估论坛（FOCRA II）。参加会议的气候专家已经从东亚一些国家和地区扩大到世界上主要从事气候预测业务的中心、研究部门和高等院校，受到 WMO 以及广大气象科学家的大力支持和赞扬，对提高东亚地区冬、夏季季节气候预测水平，加强地区间的科研和业务合作做出了重要贡献。

● 短期气候预测理论与方法

气候预测与天气预报相比有三个方面的难点：一是预测时间尺度长；二是气候预测的原理和方法难度更大，影响气候异常的因子更为复杂；三是气候预测需要的资料既要有足够长的时间序列，又要有反映气候系统变化的各种外强迫资料，要完全获得地球系统的足够长时间各种观测资料目前尚有困难。所以气候预测包含的不确定因素多，准确率低，是目前国际上正在迫切研究和解决的科学难题。

天气预报和气候预测从预报原理上最大的不同在于天气预报更注重大气的初值和大气内部的动力学过程，如大气槽脊等天气系统移动与变化的影响；而气候预测则更注重于外源异常的影响，如海面温度、海冰、积雪等慢变因子的影响以及大尺度大气活动中心异常特征的演变。气候预测的重点就是预测月平均图上的大气活动中心，当然还要包括对流层的平均大尺度环流系统。但是，控制大气活动中心变化的物理机制与逐日天气图上气旋、反气旋活动的物理机制是不同的。大气内部动力学是控制气旋、反气旋逐日活动的主要因素，而热力学则是控制大气活动中心月、季变化的主要因素。曾经有动力气象学家估计，如果没有能量的补给，地球大气活动的总动能将因为摩擦耗损而在5天左右消耗殆尽。因此，原则上讲5天之后的大气运动能量取决于外源对大气的加热。所以，有观点认为，短期天气预报是动力学问题，气候预测是热力学问题。这种提法虽然有一定偏颇，但是却恰恰是抓住了天气预报与气候预测问题的核心。

气候异常往往受多种因素的影响，为了预测气候异常未来趋势，除了分析气候要素自身的变化规律外，还要对影响气候要素异常的外强迫因素变化及其相互关系进行深入分析研究。如太平洋海温异常的恩索事件，印度洋和大西洋海温的异常、青藏高原与欧亚大陆积雪异常和北极海冰异常等因子都可能对中国、东亚区域气候异常产生重要影响。这些外源的异常会影响大气环流的持续异常，使得亚洲季风、西太平洋副热带高压、南亚高压等大气活动中心发生异常，进而影响东亚区域和中国气候的持续异常。

随着短期气候预测理论、技术的进步和国民经济发展的需要，短期气候预测服务的内容、形式也在不断地丰富和多样化，逐步趋于科学、合理、实用。由于影响短期气候变化的因素很多，影响因子及其相互关系非常复杂，所以我国短期气候预测多年来一直是采用多种因子的综合分析和多种方法的综合应用。当前气候预测方法归纳起来主要有统计预测方法、气候动力模式预测方法以及动力与统计相结合的预测方法。

统计气候预测方法的主要考虑包括影响中国和区域气候异常的各种物理因素及其前兆信号，比如在分析海温、雪盖、季风、阻高、副高等与气候异常关系与机理的基础上，建立统计气候预测模型，用于气候预测。统计方法主要包括气候背景分析、时间序列分析（方差、周期、谱分析等）、多元分析（回归、判别、主分量分析等）、大气环流分析、天气气候学的相关相似分析等。

我国从20世纪90年代开始建立了月、季和年际动力气候模式集合预测系统。从1990年开始逐步建立了一套由月动力延伸预报模式，海气耦合的全球气候模式、区域气候模式、季和年际尺度的业务动力模式组成的预测系统。该模式预测系统包括资料预处理、资料同化系统、动力模式、误差订正和检验评估五部分，该动力模式气候预测业务系统在我国气候预测业务发展中起到了重要作用。

现在国家气候中心已经建立了海-陆-冰-气多圈层耦合的 T106 中等高分辨率的气候系统模式 BCC_CSM1.1（m），发展了高分辨率气候模式系统；通过增加碳循环、氮循环、大气化学和气溶胶等过程，建立地球系统模式；发展海洋、陆面模式资料同化系统，完善模式预测方法，建立了我国候-月-季节-年-年际尺度的无缝隙一体化气候模式预测系统，该模式预测系统的预测技巧有了进一步的提高。

无论气候统计预测方法还是动力气候模式预测方法，都既有优点，也有不足。因此，避其所短，取其所长，利用动力与统计相结合的预测方法是提高气候预测技巧的有效途径之一。进一步在已有统计相似预测策略研究基础上，提出利用统计历史相似信息对气候模式预测误差进行预报的新思路，将动力预测问题转化为预测误差的估计问题，发展了一种相似误差订正方法，订正后的气候模式预测技巧有了明显改进。同时，在气候模式预测结果的基础上，为了充分应用气候模式预测的有用信息，建立了多种动力与统计相结合的气候模式预报产品的降尺度释用方法，采用科学合理的降尺度技术，改善了区域月季降水预测技巧，并在全国推广应用，取得了明显的效果。

气候预测对国民经济的影响

气候异常及其影响

中国是个典型的季风气候国家，气候变化剧烈，气象灾害种类多、范围广、频率高、危害重。20世纪80年代以来，受全球气候变暖影响，中国气候趋于不稳定，极端气象事件频繁发生，造成的社会经济损失日趋增加，成为影响国民经济发展、社会进步的重要不利因素。根据资料统计，1994—2013年期间，多年平均的气象灾害直接损失占所有自然灾害直接损失的比例达87%（平均直接经济损失达2982亿元），除2008年和2013年外，大多数年份均保持在80%以上；气象灾害死亡人口占自然灾害总死亡人口的多年平均比例增至81%，平均死亡人口达2999人。根据2004—2015年总的气象灾害和分灾种造成的直接经济损失和死亡人数统计，直接经济损失来讲，暴雨洪涝灾害损失重，且占总损失比例大，接近40%，其次为干旱，占比达20%，低温冷害造成的损失最小，比例接近10%；因暴雨洪涝死亡人数最多，占总死亡人数的54%，再次为大风、冰雹、雷电等强对流灾害，占总死亡人数的25%；再次为台风和低温冷害，比例分别为19%和2%。

我国是农业生产大国，气象灾害对农业生产造成的影响也不容忽视，粮食安全存在较大风险。气象灾害平均每年造成农业受灾面积达3857.5万公顷，占平均总播种面积的26%，20世纪70年代至21世纪最初10

年，年代平均受灾面积均较多年平均值偏多，其中20世纪90年代达最大，年代平均值高达5117.3万公顷；农业成灾面积平均每年有1813.9万公顷，占12%。

在气候变暖的背景下，我国南方干旱和洪涝灾害发生频次都存在增加的趋势，其经济损失和社会影响更为突出。2008年至2011年南方受旱面积占全国总受旱面积比重逐年增加，2011年增加到55%；其导致的直接经济损失自2008年以来大幅增加，到2011年，南方15个省市由于干旱造成的直接经济损失占全国比重达70%。全国受洪涝灾害影响的面积也逐年增加，2010年全国受涝面积达到17 500千公顷，其中南方12 000千公顷，占全国受涝面积的68.5%；南方15省市由于洪涝造成的直接经济损失自2008年以来逐年增加，2011年已经达到全国受涝经济损失总量的71%。《第二次气候变化国家评估报告》（2011年）中关于气候变化的区域影响研究表明：属于我国南方的华中地区"洪涝灾害加剧"；华东地区"20世纪80年代以来，洪涝灾害日趋加重，发生频率逐渐增加"；而华南地区"珠三角城市群灾害加剧，用水安全风险加大"等。特别是20世纪90年代长江流域特大洪涝灾害频发，1998年夏季长江流域出现了1954年以来全流域性的特大洪水，导致经济损失逾2600亿元，死亡人数超过3000人；1999年长江流域再度发生严重洪涝。除了洪涝灾害，长江流域还受到严重干旱灾害的影响，2001年夏季长江中下游地区梅雨期较常年偏短，降雨量少，致使江河湖泊水位偏低，长江出现了近20年来的低水位，干旱使航运和农渔业受到严重影响；2011年冬春季，长江中下游地区降水为近50年来历史同期最少，无降水日数为1961年以来历史同期最长，受干旱影响范围为近60年来同期最广。

2014—2016年，赤道中东太平洋再次发生了一次超强厄尔尼诺事件，并于2015年11月达到峰值，峰值强度超过了前两次超强事件（1982—1983年和1997—1998年），成为1951年以来最强也是持续时间最长的厄尔尼诺事件。受其影响，2016年夏季长江流域降水明显偏多，中下游出现严重汛情，部分地区洪涝灾害极为严重。2016 年 7 月下旬到 8 月份，华北地区降水异常偏多，也造成了严重影响。

由上述可见，这些旱涝等气象灾害对国计民生构成了严重威胁，而且随着我国国民经济的持续发展，造成的损失越来越大。所以，如果我们能够事先预测未来一个月、一个季节或一年的气候异常和旱涝等灾害的影响，及时收集、整理、分析、评估气象灾害的重大影响，向中央、国务院等有关部门和社会公众提供气象灾害预测信息和报告，能为国家防灾减灾决策提供科学依据，提高防灾减灾的效率和可靠性，这是我们从事气候预测专家的责任和义务。

气候模拟与预测是全球气候服务的重要内容

只有认识气候异常的成因，能够预测未来的气候异常，才能更好地为社会做好气候预测服务。全球气候服务框架（GFCS）是由联合国发起、世界气象组织牵头、全球多个国际组织和机构联合参与实施的一种全球性合作伙伴机制。其目的是通过提供气候服务，帮助社会更好地管理因气候变率和变化引起的各种风险和机遇，从而达到减少社会对气候相关灾害的脆弱性、促进全球关键发展目标的实现。GFCS 共包含用户界面平台（UIP），气候服务信息系统（CSIS），气候观测和监测，气候研究、模拟和预测，能力建设五大部分的建设，其中对气候模拟与预测是其核心内容。到 2015 年，GFCS 着力于实施农业与粮食安全、减少灾害风险、水资源、公共卫生四个优先重点领域的服务开发和提供。2020 年后，将明显改进这些优先重点领域的气候服务，并启动其他领域的活动，使得所有对气候敏感部门都将获取改进的气候服务。

国际气候研究、气候业务和气候服务发展迅猛。一是气候监测时空分辨率更高、监测要素更广，卫星气候监测已成为潮流，基于高分辨率模式的再分析资料在气候研究和业务中得到广泛应用；二是全球气候模式发展迅速，更加注重分辨率提高、大气和海洋初值以及物理过程改进和多模式集合；三是气候规律的认识得到提高，基于模式结果的客观气候预测方法发展较快，气候预测能力不断提高，这是做好气候服务的关键所在；四是气候变化综合影响评估取得明显进展，更加重视极端事件的检测、归因、影响和风险管理；五是基于用户需求的气候服务得到国际社会的广泛关注，发展势头良好。

2009 年，世界气候研究计划（WCRP）发布了《世界气候研究计划 2010—2015 年执行计划》，提出了未来几年将要开展的短期和长期的研究活动。在短期有望取得成果的研究活动包括年代际变率、可预报性及预测，海平面的变率和变化，极端气候事件，大气化学及其动力学，百年气候变化预估，季节气候预测，季风和气候。在长期研究方面，需要研发气候资料集和再分析资料，发展新一代气候系统模式，开展区域和全球的能力建设。

在年代际预测方面，将利用耦合模式开展一系列协调试验来探索年代际可预报性以及直到 2035 年的气候预测；在极端气候事件方面，将发展检测气候极端事件的新指标，更新全球气候指标数据库，并加速极端气候事件的预测进程，同时开展评估和预测极端气候事件造成的灾害风险；在季节气候预测方面，将全力促进季节预测水平的提高。未来气候预测策略将主要基于多机构的国际合作，包括多模式集合。季节气候预测研究重点包括：ENSO 动力学及其预测，印度洋偶极子及热带大西洋变率对季风预测的影响，土壤湿度对预报初始化的重要性。在模式模拟方面，将探讨知之甚少的冰冻圈过程和特性；在季风与气候研究方面，提出了季风季节内振荡的重现和预测计划，低频振荡（MJO）及其在季风动力学中的作用是重点研究活动之一。同时，一个研究重点是亚洲区域雪盖监测，数据集生成和模拟以及雪、降水和季风之间的关系。

◆ 气候预测的能力与未来发展趋势

准确预测未来气候是气候服务的核心内容之一，随着科学技术的进步，特别是气候动力模式和客观预测方法的应用，我国气候预测能力得到了大力提升，气候预测准确率稳步提高。经过近三十年的发展，建立了涵盖基本气候要素、极端天气气候事件、ENSO 和 MJO 等气候现象、梅雨和高温热浪等气候事件的实时监测业务；研制了第二代气候预测模式，在分辨率和物理过程参数化等方面都有一定的提高和改进；发展了以气候模式为基础的客观化预测方法，多模式集合预测系统、动力-统计结合的季节预测系统在业务中推广应用，预测水平不断提高，2011—2015 年汛期降水距平预测准确率平均为 72 分；1978—2015 年发布的汛期降水距平预测准确率平均为 65 分；2001—2015 年月降水预测距平准确率平均为 66 分；对于月温度距平预测准确率平均可达到 75 分。

多年来我国短期气候预测业务的发展在为国家防灾减灾决策服务中发挥了重要作用。但是，随着国家和社会的发展，需求不断提高。2013 年我国制定了 2014—2020 年《气候研究计划》，其目的是瞄准气候科学与技术发展趋势，针对国家经济社会发展对气候服务的迫切需求，提升我国气候业务和研究的整体水平。在短期气候预测关键技术方面有待突破，显著提高短期气候预测技巧。一是要提升气候监测能力，充分应用我国卫星对气候监测的应用；二是改进对影响气候因子的监测、诊断及预测能力，发展对 ENSO，MJO，北极涛动（AO），北大西洋涛动（NAO）等影响气候异常因子的预测能力；三是提高气候系统模式分辨率，改进物理过程，特别是需要发展海洋和海冰分量模式，还需要加强气候模式在短期气候预测业务中的应用。研究针对东亚季风区特点的气候系统监测、诊断、预测理论与方法，发展具有我国特色的高分辨率气候系统模式和气候预测业务系统，提高短期气候预测准确率，进而提高我国气候业务和应用服务的整体能力，为国家经济社会发展做出重要贡献。

张兴赢说卫星气象

走近张兴赢

有这样一位气象工作者,他先后获得由中国气象学会、中国环境科学学会和北京大学3家不同机构颁发的3项青年科技奖,还被授予"全国青年岗位能手"荣誉称号,并作为中央国家机关践行社会主义核心价值观先进典型宣讲团成员到全国各行各业的青年当中去诠释着他心中的中国梦。2015年,他作为我国气象系统唯一的代表被选为第十二届全国青联委员。他,就是国家卫星气象中心遥感应用室副主任张兴赢。

"荣誉的取得,得益于卫星气象这个大工作平台和团队成员的共同努力,我只是一个代表而已。"张兴赢说,我国的卫星大气成分遥感应用领域才刚刚起步,未来还有很多工作需要去探索。

与卫星气象结缘:曲折而艰辛的开始

张兴赢用"曲折"二字来形容他和气象的缘分。2001年,他从北京航空航天大学材料学专业毕业,基于对新闻记者工作的热爱,经过层层选拔,被新华社录取。

当时班上30多个同学,有20多个都上了研究生,而他当时还具备了免试保研的资格,家人和他身边的朋友都希望他能继续深造。张兴赢回忆:"纠结了好一阵儿,我做了一个让大家都很诧异的决定,放弃了去新华社,也没有继续在本专业深造,而是报考了大气化学专业的研究生。"

也就是这一年,张兴赢在旅美归国大气化学专家庄国顺的带领下,开始了研究大气气溶胶颗粒物与大气环境污染。当时,国内研究大气气溶胶颗粒物领域的力量还很薄弱,社会也鲜为关注,但他敏锐地意识到,大气环境问题将会是制约我国未来可持续发展的一个重要因素。在读博士期间,他发表了多篇高质量的大气环境研究论文,在毕业前夕,还获邀在《人民日报》发表了关于我国大气环境的署名评论文章。

毕业那年,大气化学在国内还是相当冷门的专业,就在他考虑是否出国深造时,中国气象局向他发出邀请。"我印象特别深,刚投了简历没几天就给我打电话要面谈签约。"张兴赢说,"我心里犯嘀咕,怎么这么容易签约,而且当时看来气象卫星似乎与大气化学也没什么关系。"

"原来在那时,中国气象局已经在部署开展气象卫星大气环境的监测研究,准备引进大气化学专业人才开拓新领域。"张兴赢说。入职两个月后,国家卫星气象中心成立了卫星大气成分遥感研究室,当时该领域在国内尚属空白。面对一个全新的交叉学科领域,面对困难,张兴赢也曾经彷徨过,但是最终还是沉下心来,默默无闻地在少有人问津的新领域开展基础的前沿科学研究,一干就是7年。

与十面"霾"伏较量:汗水与智慧的结晶

2013年1月中旬,横扫半个中国的雾、霾天气令人记忆犹新。中小学停课、航班停飞、高速公路封闭……雾、霾严重程度如何、能否预报?一系列问题考验着气象工作者,中国气象局第一时间回应政府关切和百姓关注的问题,布置了监测和预报的专项攻关任务。

然而,地面观测站点有限,传统的卫星观测手段在霾发生时难以有效观测,如何客观地探测大气污染情况,成为当务之急。关键时刻,张兴赢和他的团队主动请缨承担起攻关任务,凭借着多年的大气化学研究基础和在卫星大气环境领域工作的积累,很快发现一种新的卫星紫外波段的气溶胶产品可以克服云和水汽的影响,即便在雾、霾天气也可以实现对霾的全天候和半定量监测。

事实上,我国的气象卫星在设计之初并没考虑到对霾的监测。"我国气象卫星搭载的紫外光谱仪能否用于霾的监测,我心里也没谱。"在接下来的时间里,他组织团队成员在"风云三号"气象卫星紫外光波段的千万条光谱中,一次又一次地组合对霾敏感的特征信号,经过在大型计算机上无数次运算、对比、分析,终于获得了气象卫星自主的紫外气溶胶产品,并且与地面霾监测结果高度一致。当他把第一张全国卫星霾分布图呈现在中国气象局局长郑国光的面前时,郑国光说:"这么好的气象卫星监测结果,这下可以派上大用场了!"

他带着最新的卫星探测成果先后参加了中央气象台全国霾会商和多位院士参与的全国霾污染研讨会,做大会发言,受邀到科技部和国防科工局做专题讲座,为国家开展霾监测和大气污染治理建言献策。2013年3月,国务院副总理汪洋视察中国气象局时,对气象卫星的霾监测成果给予充分认可。

"正是因为之前的科研经验积累,在霾发生的时候,我们才能'拨开云雾'。"张兴赢说,"如果说这是一种成功,我认为秘诀在于没有鲜花和掌声的时候能够沉下来,潜心钻研。科研需要一种持之以恒的坚持,尤其是遇到挫折时的坚守。"

◆ 与梦想信念同行:执着而不倦的坚守

2008年年初,在专业领域刚刚崭露头角的张兴赢,兼任国际地球观测组织联合主席助理。期间,由于工作出色,他得到了去瑞士日内瓦国际地球观测组织总部工作的机会。

当时,他所带领的科研团队正在论证研发我国自主的大气环境观测卫星。几经思考，张兴赢最终决定坚守在自己的岗位上。

"科研需要持之以恒的坚持，事业开展要有一份执着的信念，才能踏踏实实一步一个脚印开展工作。"他说。

正是由于对这份事业的执着和对科研的专注，不久，他的第一篇研究论文就被《中国科学》杂志录用发表，而这篇研究论文也几乎是国内最早利用卫星研究我国大气二氧化氮污染的研究成果。文章得到国内大气环境领域专家的高度关注，中国工程院院士任阵海还亲自率队到国家卫星气象中心了解情况。

同年，张兴赢还成功地运行了国内第一台先进的地基高光谱仪器，获得了大气成分垂直分布的结果。由于出色的科研业绩，入职第二年，他就被破格晋升为副研究员。

2009年，31岁的张兴赢被任命为国家卫星气象中心卫星气象研究所副所长，开始带领团队领衔我国自主卫星大气成分遥感应用研究，先后主持参加了国家自然科学基金项目，863、973课题，并且参与欧洲卫星大气环境领域的国际前沿合作项目。作为国际碳观测系统的专家成员，以及当时国际唯一在轨温室气体观测卫星（日本的GOSAT卫星）的中方卫星数据使用和验证首席科学家，他深入开展卫星温室气体探测和全球碳排放研究。2014年，张兴赢作为中方卫星大气成分研究的首席科学家，受邀参与了欧盟第七框架的国际合作项目，与欧洲科学家共同开展利用卫星大气成分观测资料与大气化学模式结合的开展源排放清单估算的国际前沿领域研究，这对我国的大气环境质量预报和大气污染治理提供了重要的支撑。

2013年5月，张兴赢成为当年气象系统最年轻的研究员。同年12月，他从国家卫星气象中心卫星气象研究所调任遥感应用室，投身到遥感业务服务的第一线，建立了我国自主的卫星大气环境监测业务服务体系。两年来，他参与完成的多份大气环境决策服务报告得到了多位国家领导人的重要批示，开辟了我国卫星大气环境业务服务的新领域。

"莫为浮云遮望眼，风物长宜放眼量"，当前我国的大气环境问题已经成为制约可持续发展的重大问题。在中国气象局前瞻性的战略部署下，张兴赢和他的团队一直在开展卫星大气环境监测仪器论证和设计，提前开展卫星数据处理的关键技术攻关。这些年，他和团队助推了我国自主的"风云"三号气象卫星大气成分探测载荷、中国的二氧化碳观测卫星、高分辨率对地观测专项中的"高光谱观测卫星"以及空间基础设施中的大气环境观测卫星的立项研制，为我国实施自主卫星大气成分探测打下坚实的基础。

张兴赢说，2016年，我国三颗具备大气环境观测能力的卫星即将发射升空，届时气象工作者将可以从遥远的太空日夜注视着人们赖以生存的地球大气，为国家开展大气环境治理和政策措施的制定，提供科学的决策依据。

(转引自《中国气象报》2015年11月26日第1版和第2版)

气象卫星与卫星气象

♦ 气象卫星

气象卫星就是用于气象探测的人造地球卫星。根据气象业务观测的需求，业务气象卫星的运行轨道可以分为两类，一类是低轨卫星，或称极轨卫星，大多数取太阳同步轨道，轨道高度800~1000千米，绕地球一周约为100分钟。第二类是高轨卫星，又称地球静止/同步卫星，取地球同步轨道，位于赤道上空35 800千米高度，绕地球一周的时间为24小时，故称静止卫星，两类卫星的轨道几何特征示意如图9所示。

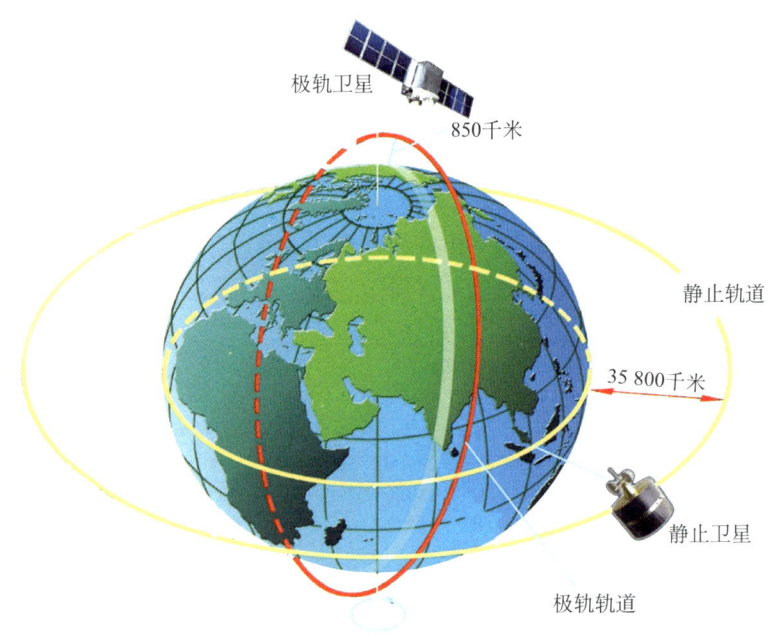

图 9　卫星轨道示意

极轨气象卫星

极轨卫星轨道平面与赤道平面的夹角约为 90°，轨道的进动方向和速率与地球绕太阳周年转动的方向和速率相同，所以也称这种卫星轨道为太阳同步轨道。由于这种特定的轨道倾角，使卫星近乎通过地球极地上空，因此又称它为近极地太阳同步轨道或极地轨道（简称极轨）。在这种轨道运行的卫星经过同一纬度的地方时在一段时间内几乎不变，即卫星经过同一位置的太阳光照条件相同。一颗卫星每天对预定地区进行两次观测，两颗轨道平面相互垂直的极轨卫星，每 6 小时可以将整个地球巡视一遍。

极轨气象卫星由于其轨道特性，具有全球观测能力和高分辨率两大特点，可以比较高的频次和分辨率观测两极地区，可以为天气预报，特别是中期数值天气预报提供全球的温、湿、云、辐射等气象参数,监测大范围自然灾害、生态和环境,研究全球变化,探索全球气候变化规律,并为气候诊断和预测提供所需的地球物理参数,为军事、航空和航海等提供全球及地区的气象信息。

我国极轨气象卫星的遥感观测能力,随着卫星上有效载荷数量从风云一号(简称FY-1)只有扫描辐射计和空间粒子探测器发展到风云三号(简称FY-3)的11种遥感载荷,星载探测能力得到极大提升。我国第二代极轨气象卫星,建立了从紫外、可见光到红外、微波等多谱段的综合定量遥感观测能力;实现了集相对辐射测量和绝对辐射测量于一星的综合定量观测;气象卫星星载遥感仪器的在轨扫描方式也涵盖了连续和步进式跨轨扫描、圆锥扫描、星下点推扫等。图10是风云三号气象卫星上装载的遥感仪器示意图。

图10 风云三号遥感仪器示意图

风云三号卫星上装载的红外分光计、微波温度计和微波湿度计资料联合反演大气参数,实现大气温湿度廓线和热力结构的三维遥感探测。紫外臭氧探测仪包括紫外臭氧垂直探测仪和紫外臭氧总量探测器,用以监测全球臭氧的分布特征,为全球气候变化研究提供强有力的支撑。辐射收支监测仪由地球辐射监测仪和太阳辐射监测器组成,实现了全球辐射收支和能量平衡的遥感监测。风云三号卫星装载的两个光学成像遥感器中分辨率光谱成像仪和扫描辐射计更是在环境遥感监测和防灾减灾中发挥了巨大效益;而风云三号的微波成像仪有效拓展了风云三号卫星的成像探测能力,实现了全天候的成像遥感探测,在台风暴雨等强对流灾害性天气监测方面发挥了作用。

静止气象卫星

静止卫星轨道倾角约等于0°,轨道平面与赤道平面重合,即卫星在赤道上空运行,同时它绕地球运行的角速度与地球自转的角速度相同,相对地球静止,所以称这种卫星轨道叫地球同步静止轨道,在这样轨道上运行的卫星称作静止气象卫星。

静止气象卫星轨道高度比较高,相对地球静止,因此可以保证长期比较连续地观测地球表面三分之一的固定区域。目前我国风云二号气象卫星一般一颗卫星可以每半小时提供一张全景圆盘图,在有特殊需求时,甚至可以每隔3~5分钟对某一小区域进行一次观测。观测频次高,可以捕捉到时间变化比较快的天气现象,主要用于天气分析特别是中尺度强对流灾害性天气系统临近预报和预警。可以监视天气云系的连续变化,特别是生命周期短、变化快的中小尺度灾害性天气系统。静止气象卫星无法观测南北极区,不能进行全球观测。

风云二号气象卫星(FY-2)是我国自行研制的第一代静止业务气象卫星,星载遥感仪器包括可见光红外扫描辐射计和空间环境探测器,扫描辐射计对地遥感探测最高空间分辨率达到1.25千米。迄今我国已经成功发射了 FY-2A，FY-2B，FY-2C，FY-2D，FY-2E，FY-2F，FY-2G 七颗卫星，实现了我国静止气象卫星多星组网观测、互为备份的业务格局，多星组网观测期间时间分辨率达到 15 分钟，并且突破了单星区域快速扫描技术，实现了在汛期和应急观测期间，目标区域观测时间分辨率可以达到 3 分钟，为中尺度强对流天气系统的遥感监测和服务提供了强有力的支撑。

风云四号气象卫星是中国第二代静止气象卫星，主要发展目标是：卫星姿态稳定方式为三轴稳定，提高观测的时间分辨率和区域机动探测能力；提高扫描成像仪性能，以加强中小尺度天气系统的监测能力；发展大气垂直探测和微波探测，解决高轨三维遥感；发展极紫外和 X 射线太阳观测，加强空间天气监测预警。风云四号卫星首发星（FY-4A）为光学卫星，计划 2016 年发射，主要探测仪器为 14 通道成像仪、干涉型大气垂直探测器、闪电仪以及空间天气载荷，全圆盘成像时间约为 15 分钟。为了确保在轨运行的第一代地球静止气象卫星向第二代静止气象卫星实现连续、稳定的过渡，风云二号系列卫星在轨运行并提供应用服务的时间将持续到 2020 年前后。

我国气象卫星和卫星气象事业经过四十多年的发展，实现了业务化、系列化的发展，成为国际上同时拥有静止气象卫星和极轨气象卫星业务卫星的三个国家/地区之一，已成为全球综合地球观测系统的重要成员（图 11）。已经建成以一个资料处理与服务中心、运行控制中心和北京、广州、乌鲁木齐、佳木斯、瑞典吉律纳 5 个卫星地面站为主体构成的国家级卫星遥感应用业务系统，不仅可以接收和利用风云卫星系列，而且可以同步接收美国、日本、欧洲气象卫星资料。我国气象卫星，为国家应急管理、减灾防灾体系建设、应对气候变化提供了有力的技术支撑。同时与全球其他业务气象卫星一起组网观测，实现了高空间分辨率和高时间分辨率的全球探测，共同形成新一代对地球大气、海洋和地表环境连续的全天候、立体观测，其观测资料已经在各国的天气分析预报、数值预报、短期气候预测、各种大气科学研究项目和世界气象组织协调的大型科学研究计划（如 WCRP，IPCC）中发挥着重大的、基础性的作用，大大增强人类对地球系统的综合探测能力。

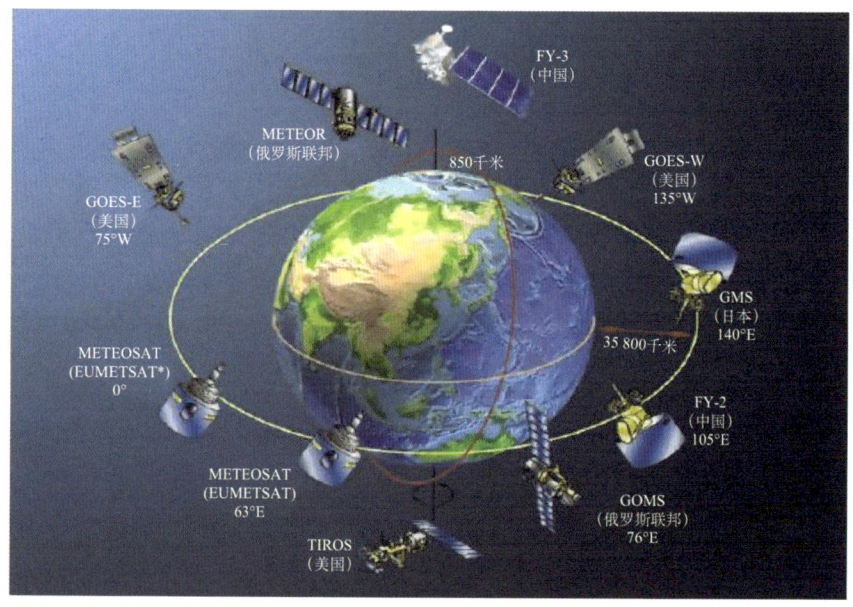

图 11　全球地球观测业务卫星网

◆ 卫星气象学

发展沿革

卫星气象学是研究利用人造地球卫星作为观测平台获取地球大气参数的原理和方法，以及如何把这些资料用于大气科学研究和气象业务服

---

* EUMETSAT，欧洲气象卫星应用组织（European Organisation for the Exploitation of Meteorological Satellites）

务的一门分支学科。

早在20世纪50年代后期，在苏联将第一颗人造地球卫星送上太空之前，美、苏等国的气象和空间科学家就已开始探索利用空间飞行器获取地球大气参数的原理和其潜在优势。1960年4月1日，美国成功地发射了世界上第一颗试验气象卫星——泰罗斯（TIROS，电视和红外观测卫星）。卫星在太空，将星载照相机拍摄的第一幅地球表面图像传送至地面，清晰地显示出了大西洋上空的飓风图像，开创了从空间探测地球大气的新纪元，是卫星气象学诞生的标志。

随着空间技术和遥感技术的飞速发展、人类对地球表面和大气的辐射特性及辐射传输特性的深入理解、加上卫星遥感的全球性、连续性和高频次观测等优势，使得卫星气象学从诞生之日起，就以前所未有的速度发展：从1960年到21世纪初，是卫星气象学从诞生走向成熟的50年；是用星载照相机获取单一云图到探测多种气象参数的50年；是气象卫星遥感从定性分析使用到定量应用的50年；也是气象卫星探测资料从主要用于天气分析和预报到逐渐用于大气科学各分支学科和环境监测，并即将成为由多种探测手段组成的综合地球大气探测系统的主要成员的50年。

随着由气象卫星遥感探测器获取地球大气辐射波段的不断增加，及光谱分辨率不断提高，经过信息加工处理后，可以得到多种气象要素和地球物理参数。如：描写云和地球表面特征的可见光、红外云图，以及由此再加工得到的海面温度、海冰分布、陆面积雪、陆面植被和反照率图像；描写大气中水汽含量和云的微物理及降水特性的微波图像；由红外和微波辐射计探测资料加工得到的大气温度、湿度、位势高度的垂直分布和大气臭氧总含量分布；由紫外高光谱仪资料加工得到的臭氧、二氧化氮、二氧化硫的垂直分布及其总含量；由近红外高光谱仪资料加工可以得到大气主要温室气体（二氧化碳和甲烷）的浓度信息；由地球辐射收支观测得到的大气辐射收支的各个分量；由跟踪卫星观测的云运动而得到的云迹风资料；以及由多种光谱信息反演的气溶胶光学厚度、沙尘和土壤湿度等。这些信息早已突破传统的压、温、湿、风的范畴，涵盖了气象要素、大气参数和若干地球物理参数。

卫星气象学是大气科学中发展最迅速、与多门学科交叉而极富活力的一门分支学科。当前，国际上一些涉及全球变化和可持续发展的重大研究计划，如：世界气候研究计划（WCRP）下属的国际卫星云气候计划（ISCCP）、国际卫星陆面特征气候计划（ISLSCP）、全球能量和水平衡实验计划（GEWEX）、国际地圈和生物圈计划（IGBP）下属的资料信息系统（DIS）和海岸带的陆地与海洋相互作用计划（LOICZ）等均离不开卫星气象学的支持。在未来的气候和天气的数值预报模式系统中，气象卫星资料的应用和相应的多维变分同化系统，具有举足轻重的作用和地位。

研究应用

卫星气象学主要包括三方面的内容：

第一，气象卫星遥感理论研究。

要利用人造地球卫星这一太空平台采用遥感技术对地球大气进行探测，面临的首要问题就是气象卫星遥感理论。要利用气象卫星遥感的原始辐射信息得到地球表面和大气参数，则必须解决遥感资料处理的物理模型和计算方法。因此，要研制和发射气象卫星，就必须从事气象卫星遥感理论和遥感资料处理方法研究。其中，最重要的就是电磁辐射特性及其在大气中传输规律的研究，即研究地球表面（水面与陆面）和大气中的云、气溶胶及各种大气成分对电磁辐射的吸收、发射、散射、反射和极化特性，以及辐射在大气中的传输规律。这些研究包括：各种下垫面的地物波谱特征的测量和分析；大气中各种气体成分的分子光谱特性及水滴、冰晶的红外辐射和微波辐射极化特性；以及如何快速求解这些辐射传输模式的软件。这些就构成了利用空间飞行器作为观测平台，遥感地球表面和大气的各种气体成分、气象要素和地球物理参数的原理和基础。

第二，卫星遥感信息处理加工方法研究。

主要研究由卫星遥感的来自地球大气不同波段的原始电磁辐射测量值反演大气和下垫面的各种参数的方法，它包括：定标、定位和各种校正，把地面接收到的卫星传感器数值转换成为相应地理位置的通道辐射值，即资料的预处理；求解辐射传输方程、各种物理和生物物理统计模式，把卫星观测的通道辐射值转换成气象参素和一些地球物理、生物状态参数；对处理结果进行真实性检验；大气对电磁辐射透过率的快速计算方法等。随着卫星遥感光谱通道的增多和光谱分辨率的提高，从原理上讲，就有可能获得更多种类的大气成分的浓度和精细结构，但相应的处理方法也将更为复杂，求解的计算量将成几何级数增加。

第三，卫星资料在大气科学各个分支学科中的应用研究。

天气分析和预报中的应用：早期的卫星云图主要用于天气分析和预报，其中台风的定位和强度估计、中尺度强对流云团（MCS）和对流复合体（MCC）的监测和分析、赤道辐合带（ITCZ）的活动与云涌、冬半年海洋上空各种类型的细胞状云及其所表征的海气交换、中纬度的逗点云型、冷涡云型和急流云系、山脉背风波云系等均给人留下深刻的印象。

数值天气预报中的应用：把卫星遥感的大气信息作为初值和边值输入数值预报模式是改善目前常规探测资料不足，提高模式的预报精度和延长预报时效的重要手段，也是发展气象卫星大气遥感的初衷之一。长时期以来，由于卫星反演产品的精度不高、卫星探测方式与常规探测不同，直到20世纪80年代，气象卫星资料对数值预报模式的影响甚微，在一些地区甚至出现负效应。最近十多年，由于遥感探测技术的发展，数值模式初值处理技术的进步和计算机运算速度呈量级提高，更多、更好的卫星遥感测值已经成为提高模式预报性能的主要途径。目前，美国和欧洲中心的业务数值预报模式系统中，输入的观测资料中85％来自卫星的辐射测值和加工处理出来的各种要素和参数。

气候变化的监测和预报中的应用：许多表征气候变化的信号，如：

表征厄尔尼诺和南方涛动的赤道中-东太平洋上的海温距平；赤道辐合带与副热带高压的早期位置与活动；全球或某些季节性积雪区的异常演变（例如冬季青藏高原上的积雪）；全球大气臭氧层的变化，尤其是南极臭氧空洞的变化；全球气温的长期变化，尤其是平流层气温的变化；全球大气温室气体含量的变化；以及极区海冰覆盖面积的长期变化等，均可以通过卫星的观测资料获得。这些研究工作深化了我们对全球气候变化的认识，也为其预测提供了手段。

生态环境和全球变化中的应用：气象卫星也可以称作环境卫星（如美国、欧洲），这一事实充分表明卫星资料在自然资源和环境监测中的能力。卫星从宇宙空间对地球大气进行观测，既有大气信息，也有环境信息。通过针对资源环境特征的加工处理就可得到植被指数、水体（含洪涝）、高温热源（含森林火灾）、沙尘暴和气溶胶等环境参数，展现出广阔的前景和巨大的应用潜力。近年来，随着卫星高光谱载荷制造技术的不断提高和科学家对卫星观测数据解译能力的大大增强，卫星还可以用于开展对全球大气中痕量气体和温室气体的定量探测，可以得到大尺度、长时间序列的大气成分的时空分布特征和变化趋势，进而研究大气环境变化及其对全球气候和生物地球化学循环的影响。

星眼看地球

气象卫星遥感具有广泛的应用领域，主要包括天气分析和预报、数值天气预报、气候变化监测和预测，以及生态环境和自然灾害监测等，取得了巨大的社会经济效益。气象卫星遥感应用主要是通过各种遥感产品获取实现。早期的大量应用是通过各种遥感图像的获取，以及遥感图像的模式识别、分类、特征判识和各种应用制图，并应用于广泛领域。

更重要的并得到迅速发展的是遥感资料定量化的处理和应用,即通过对遥感资料加工处理,获取多种地球物理参数信息,人们从而可以借助卫星"天眼"更好地关注地球的风云变幻和环境变迁。

纵览全球风云变幻

气象卫星最初就是主要用于捕捉全球风云变化,可以利用极轨气象卫星每天获取全球的云图信息(图12),可以利用静止气象卫星高频次地获取观测圆盘区域的云图的变化过程,尤其是可以捕捉到台风的移动路径(图13)。

图12　风云三号A星第一幅全球云图监测结果

实际上卫星不仅仅只是获取云图的图片信息,由卫星遥感资料计算还可以得到云宏观和微观物理参数,如云量、云分类、云顶温度/高度、云水/云冰含量、云滴有效半径、光学厚度、热力学相态等。云量是在一定观测视场内,有云像元占视场内总像元的比例;或在一定视场范围内的有效云覆盖程度。云分类是根据云顶信息对云进行分类。根据云顶高度可将云分为高云、中云和低云3类,目前较为通用的云顶高度分类标准为云顶高度在440百帕以上是高云,云顶高度介于680～440百帕的是

图 13 FY-2G 静止卫星捕捉三个台风的生成和消亡过程

中云,云顶高度低于 680 百帕定义为低云。依据云的纹理还可以将云分为层状云、积状云和卷状云。云顶温度/云顶高度为云顶层所具有的温度(K)和云顶层所处的高度(百帕)。云的热力学相态根据云滴的热力学状态将云分为冰云、水云和不确定相态云 3 种。云光学厚度为垂直大气柱(从高度 h_1 到 h_2)中,所有云层垂直消光(散射+吸收)光学厚度的总和,根据这么多丰富的云的定性和定量信息,可以提高预报员对未来天气发展过程判断的准确度。

根据不同时次卫星云图上示踪图像块的移动推算出大气移动的几何矢量,再根据大气运动的物理特征及数值预报的大气温度廓线估算出示块的高度,称为大气运动矢量。大气运动矢量产品在早期曾经被称为云迹风(Cloud Motion Wind,CMW),用一系列时间连续的卫星图像,追踪云或水汽特征的运动,推导出大气运动场,计算示踪图像块所代表的云或水汽特征所在的高度，获得大气运动矢量，与云图的叠合显示，对天气预报人员分析云图，识别天气系统有很大帮助。大气运动矢量可以同化进入数值预报模式，改善资料稀少地区的分析效果。

图14是2013年8月22日08时（北京时）国家卫星气象中心用风云二号E星推导的红外（图14（a））和水汽通道（图14（b））的大气运动矢量。

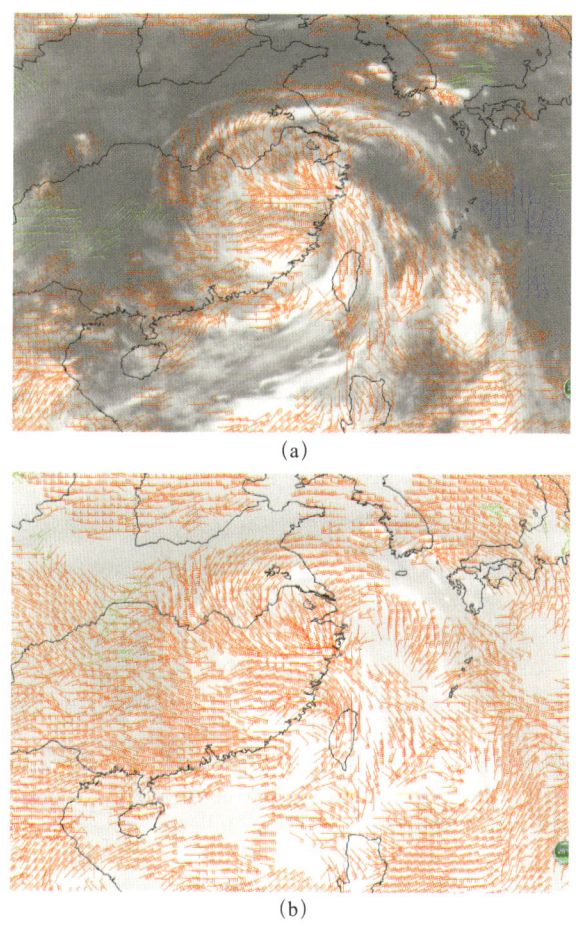

图14　风云二号E星红外（a）和水汽通道（b）的大气运动矢量

红色矢量代表 400 百帕以上的高层风，绿色矢量代表 400～700 百帕的中层风，蓝色矢量代表 700 百帕以下的低层风

● 捕捉全球大气变迁

随着由气象卫星遥感探测器获取地球大气辐射波段的不断增加，以及光谱分辨率不断提高，经过信息加工处理后，可以得到多种气象要素和地球物理参数。利用卫星紫外、可见、红外和微波不同波段的遥感仪器在选定的大气吸收带测量大气顶向上发射的热辐射信号和特定谱线的吸收信号，通过反演求解遥感方程组可以得到丰富的大气参数信息，如：大气温度廓线、大气水汽含量及其垂直分布、大气气溶胶光学厚度、大气痕量气体浓度、温室气体浓度等大气状态参数。不仅可以用于提高天气分析以及数值天气预报的精确度，还可以用于气候预测模式和全球大气环境变化研究，有助于人类更好地了解我们赖以生存的地球大气的变迁。

其中由红外和微波辐射计探测资料加工得到的大气温度、湿度、位势高度的垂直分布。1978 年美国发射了业务环境卫星泰罗斯系列，装载了专门用于大气探测的微波探测器 MSU（Microwave Sounder Unit），与红外遥感仪器 HIRS（High Resolution Infrared Radiation Sounder）结合，实现了大气垂直温度廓线的遥感探测。卫星大气温度廓线产品在陆地区域的覆盖率至少是地面探空站的 5 倍，对于海洋和人迹贫乏的沙漠区域则是填补了其常规探空的空白，极大地丰富了观测数据库，图 15 展示了 1979—2008 年卫星监测全球对流层大气温度的变化趋势。

卫星紫外光谱遥感仪器的探测资料加工可以得到臭氧、二氧化氮、二氧化硫等痕量气体在大气中的混合比；卫星的红外和可见近红外波段的探测资料可以加工得到全球大气温室气体的含量信息，以及由多种光谱信息反演的气溶胶光学厚度等。这些信息早已突破传统的压、温、湿、

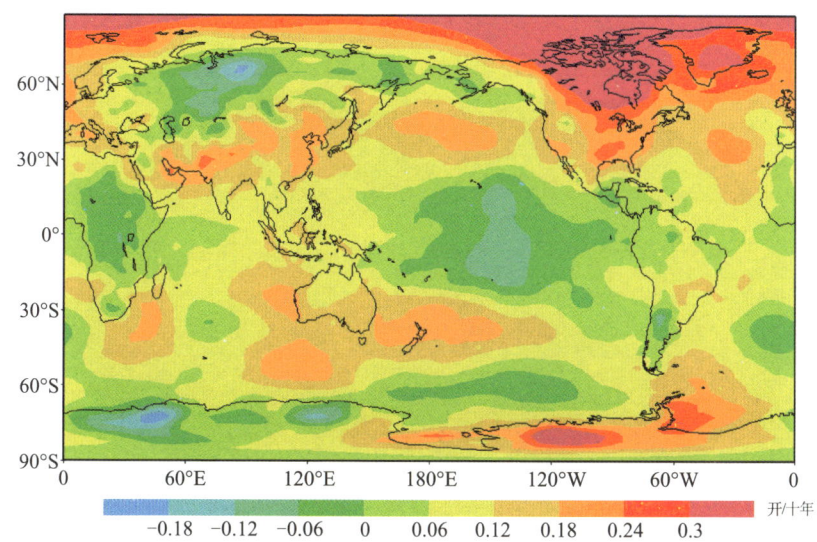

图 15　卫星资料监测对流层大气温度变化趋势（1979—2008 年）

风的范畴，可以获取大气中微量化学成分含量、高度等物理信息，用于人们了解大气中的微量成分的变化和全球输送，对人们了解全球变化带来革命性的观测信息。

大气中的臭氧含量是卫星最早可以获取的微量成分信息，最早于 1978 年美国的 TOMS 系列卫星开创了卫星臭氧探测的先河，2000 年后，美国和欧洲先后实现了卫星对其他主要痕量气体（NO_2，SO_2 和 CO）的探测，而对于卫星探测与人类活动排放密切相关的对流层底层的温室气体，一直到了 2009 年日本发射了全球首颗专门的温室气体观测卫星才得到实现，随后 2014 年美国也发射了全球 CO_2 观测卫星。2008 年风云三号气象卫星（A 星）是中国卫星大气成分探测的里程碑，首次在中国自主卫星上实现对全球 O_3 和气溶胶的探测。

卫星大气 O_3 产品主要包括大气 O_3 柱总量和大气 O_3 垂直分布廓线。大气 O_3 柱总量指单位面积为底面的整个气柱中 O_3 的总含量，可以获取全球的大气臭氧浓度分布信息（见图16），尤其是可以获得南极地区臭氧空洞的长期变化（图17），这对人类理解全球气候变化有重要的指示意义。

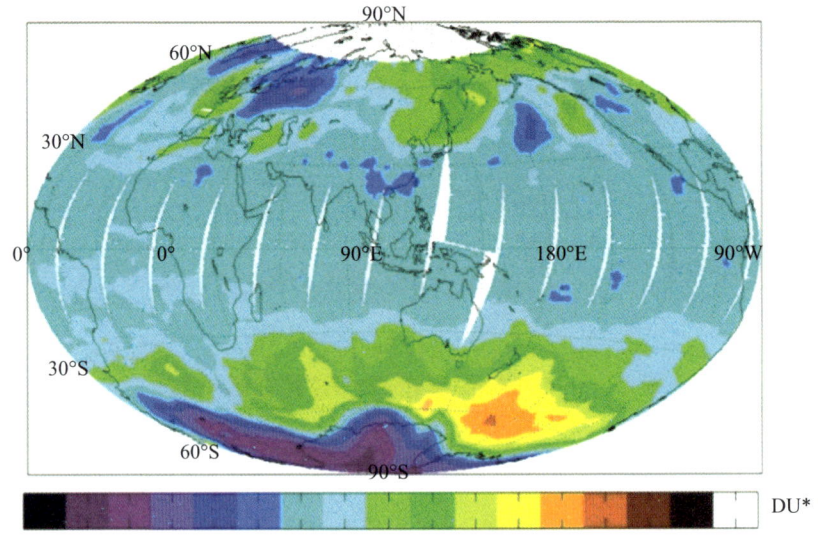

图16 中国FY-3卫星第一幅全球臭氧总量分布图（2008年10月30日）

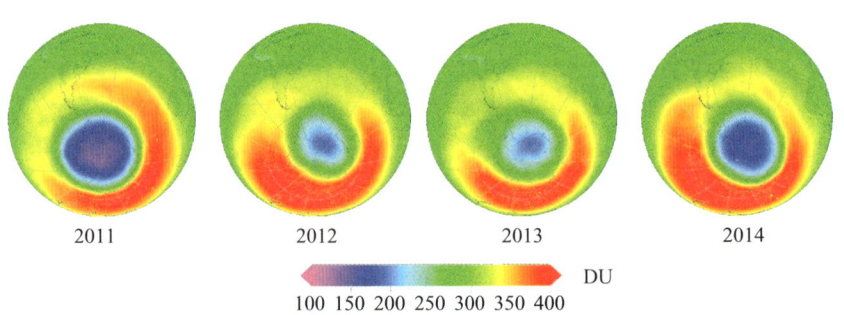

图17 中国FY-3卫星监测南极臭氧空洞变化图

---

* DU（Dobson unit），多布森单位，用于表示地球大气中痕量气体的柱密度。1DU臭氧表示每平方厘米中含有臭氧分子2.69×10^{16}个。

2000年前后，美国的中分辨率成像光谱议（MODIS）遥感载荷实现了卫星对整层大气气溶胶的遥感探测，其中气溶胶光学厚度已成为国际上许多遥感中心的业务化产品（见图18）。基于气溶胶的光散射特性可高精度遥感气溶胶参数。目前气溶胶遥感探测分为被动和主动两种类型，被动探测原理主要是以被动遥感方式获取紫外—可见光—近红外光谱区（300～2500纳米）的大气顶后向散射辐射卫星观测，反演获取气溶胶参数产品。主动星载激光雷达探测则可以测量获取气溶胶的垂直分布。

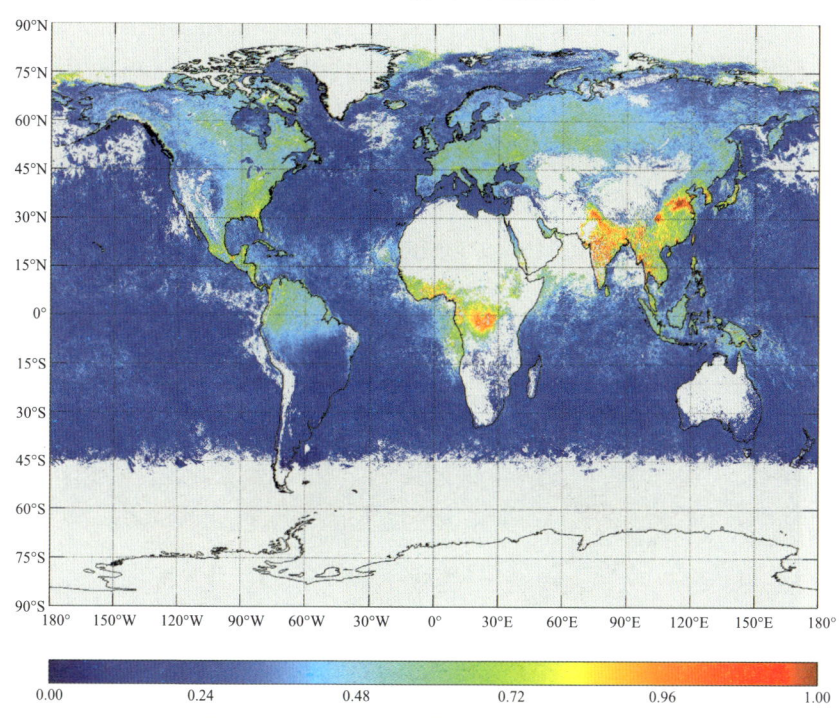

图 18 中国 FY-3 卫星全球月平均气溶胶光学厚度分布图

通常利用 AVHRR，MODIS，OMI，GOME-2 等仪器 640 纳米和 840 纳米两个通道的观测反射率来反演气溶胶光学厚度和表征粒子尺度的参数 Angström 指数。随着卫星观测仪器的发展，相继采用了多波长、多角度和偏振观测仪器来提高气溶胶参数反演精度，如 MISR，POLDER

等仪器。为了提高区域气溶胶观测时间分辨率,静止卫星上装载的仪器也强化设计了适合气溶胶参数反演的通道,如 GOES-R/ABI、MSG/SEVIRI、风云四号气象卫星(FY-4)AGRI(2016)。

主动星载激光雷达可以测量获取气溶胶的消光廓线和垂直分布,为大气化学和气候模式提供气溶胶垂直分布信息。2006 年美国发射的 CALIPSO 卫星装载的主动式激光雷达 CALIOP 的观测,可用于提高人类对气溶胶三维结构特征的认识。

利用 NO_2 和 SO_2 在紫外波段的吸收特性,可以用于探测大气中的 NO_2 和 SO_2 的含量。目前可以通过差分光学吸收光谱法(DOAS)反演获取大气 NO_2 和 SO_2 含量信息。美国 1978 年发射上天的 TOMS 系列卫星可以探测火山爆发高浓度的 SO_2 气体,但是一直到了 1996 年欧洲发射的 ERS 系列卫星上搭载的 GOME 仪器才可以探测大气中的 NO_2,随后欧洲卫星上搭载的 SCIAMACHY、GOME-2 仪器,美国卫星上搭载的 OMI 仪器都可以开展 NO_2 探测,并且具备了探测大气中人为排放的 SO_2 气体。图 19 是卫星监测全球对流层二氧化氮气体的分布情况。

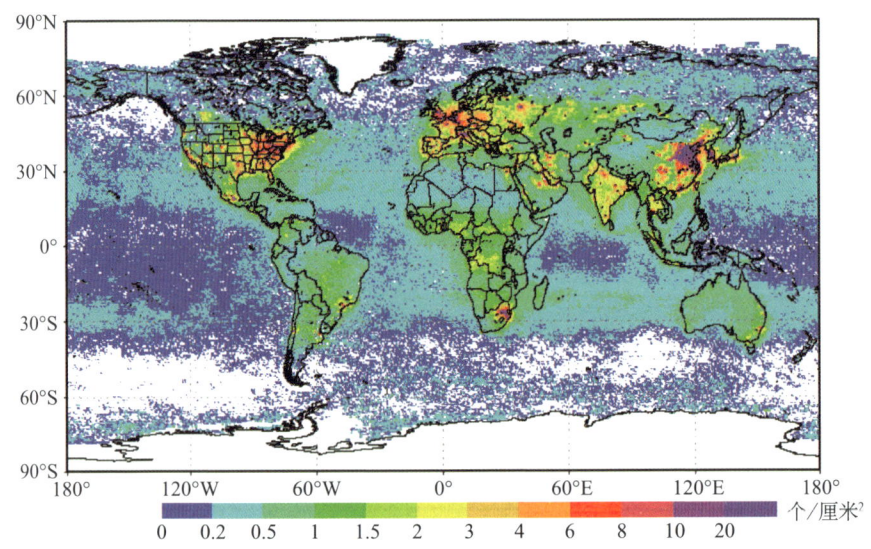

图 19　卫星监测全球对流层大气年均 NO_2 柱总量分布图

二氧化碳（CO_2）和甲烷（CH_4）是最重要的温室气体。卫星遥感具有稳定、连续和大尺度观测等诸多优点，可以更好地获得温室气体的全球时空分布与变化特征，对提高人类对碳源汇与碳循环的认识，增加全球气候变化研究的可信度具有重要意义。大气中温室气体在长波红外具有较强的吸收，同时在短波红外也具有一定的吸收能力。研究表明，相比长波红外光谱仅对对流层中部以上的温室气体浓度变化较为敏感，短波红外反射光谱对近地面层的温室气体浓度变化则具有较好的敏感度（图20）。美国的AIRS，TE和欧洲的IASI等红外遥感器可以实现对对流层中高层大气温室气体的探测，而对于观测近地层的大气温室气体信息，一直到2009年日本发射的GOSAT卫星才初步具备了这个能力，2014年美国发射了一颗专门的CO_2探测卫星——OCO-2，具备了高精度探测CO_2的能力。中国将于2016年发射本国的CO_2观测卫星，预计同年发射的风云三号D星以及2017年计划发射的高分辨率对地观测系统中的高分五号卫星上也将搭载温室气体探测仪器。

监视全球环境变化

随着人类活动的不断加剧和对地球资源的无限制的索取，我们所居住的星球环境正在发生巨大的变化，通过气象卫星遥感资料，经过数据处理可以获取的描述人类生存的陆地表面环境和海洋环境特征的多种参数。

陆表环境一般时空变化较大，卫星遥感是对其进行快速获取和动态更新的有效手段。陆表参数遥感几乎与遥感技术发展同步，并随着遥感技术的发展而发展。早在航空遥感时代，地物判识与解译就是遥感研究的主要内容之一。1960年第一颗气象卫星发射升空，通过卫星遥感获取陆表环境参数产品成为可能。1972年美国成功发射第一颗实验型陆地资源卫星，极大促进了卫星陆表参数遥感的发展。

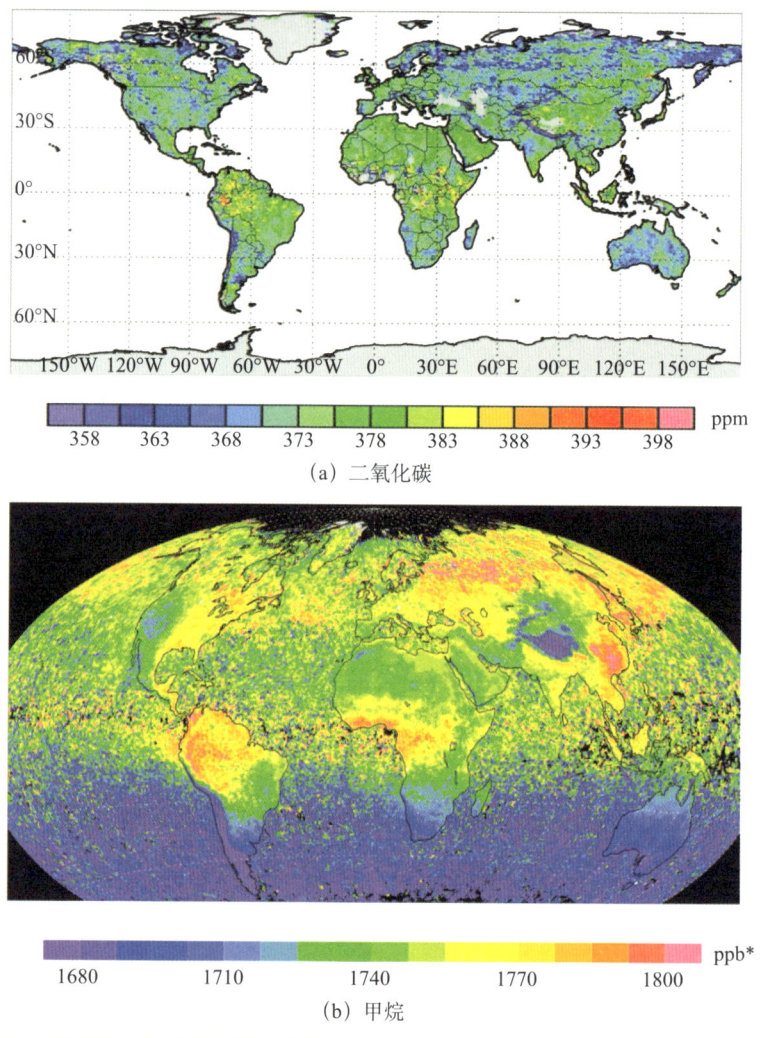

(a) 二氧化碳

(b) 甲烷

图20 卫星监测全球大气对流层底层温室气体分布信息

* 1ppb 表示十亿分之一，即 1 立方米空气中含有该气体 1 微升。

植被指数（图21）是用卫星或地面光谱观测数据的线性或非线性组合形成的能突出反映植被特征的指数。利用卫星不同波段的探测信息，通过两个或多个波段的组合，可以得到不同的植被指数。这些植被指数从不同侧面反映植被的参数特征，常用的植被指数有比值植被指数、归一化差植被指数、垂直植被指数等。

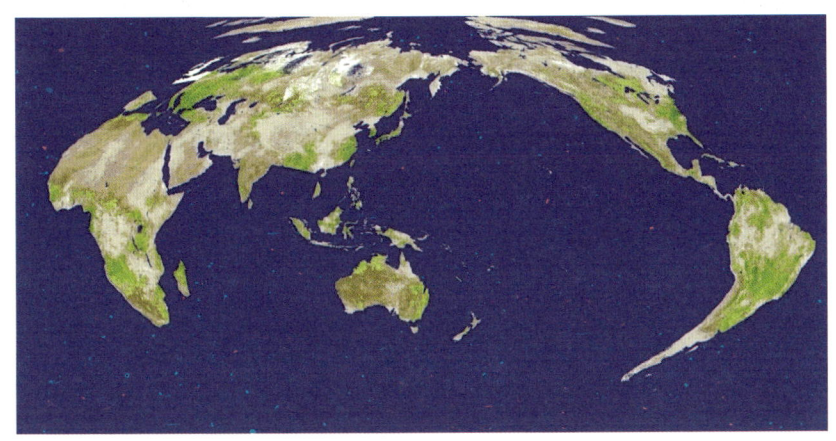

图21　风云三号气象卫星2009年5月10日全球植被指数监测结果

海洋参数遥感产品主要有海面温度、海洋水色、海表面风场等海洋表层参数的二维分布信息。主要应用于区域和全球的气候变化、碳循环、天气预报和海洋环境监测等，如：利用海面温度可以分析海流、中尺度涡旋等海洋现象，研究厄尔尼诺和南方涛动事件等。图22给出2015年3月FY-3A/VIRR全球海面温度月平均值分布图。

洋面风产品（图23）反映了海洋或大面积水体表面风场的状况，包括风速、风向等参数。海表面风场是影响海浪、海流、水团的活跃因子和海洋动力学的基本参数，对全球海洋风场的监测，在沿海地区的防灾减灾、海洋环境保障，以及促进海洋相关科学研究中具有重要意义。

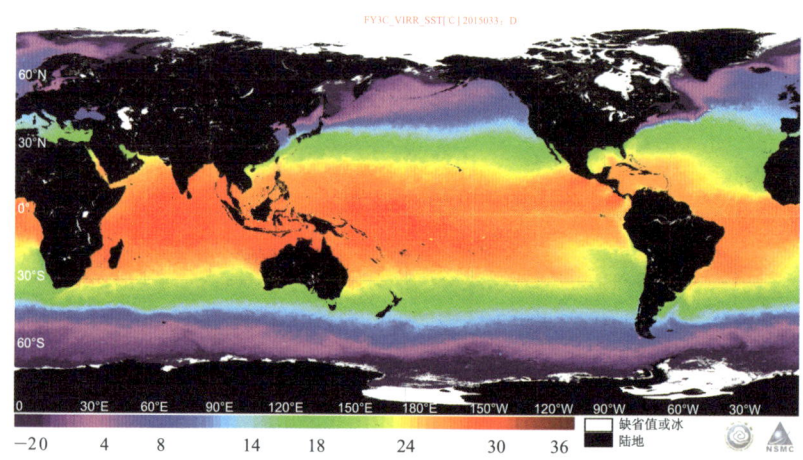

图22　2015年3月FY-3A VIRR全球月平均海面温度分布图
（白色区域为缺省值，极区附近为雪，赤道区域为云）

图23　QuikSCAT洋面风场与红外增强云图叠加

浮游植物及其色素（如叶绿素）与悬浮沉积物和黄色物质是水体中的重要光学影响因子，可引起水色的变化。浮游植物是海洋食物链的基础，其最重要的光合作用色素——叶绿素 a，是浮游植物生物量的指示，在海洋生态系统中起着重要作用，也是全球碳循环中的重要影响因素，在渔业、富营养化和赤潮监测方面应用广泛。图 24 给出 2013 年 4 月 FY-3B MERSI 全球叶绿素 a 浓度月平均值分布图。

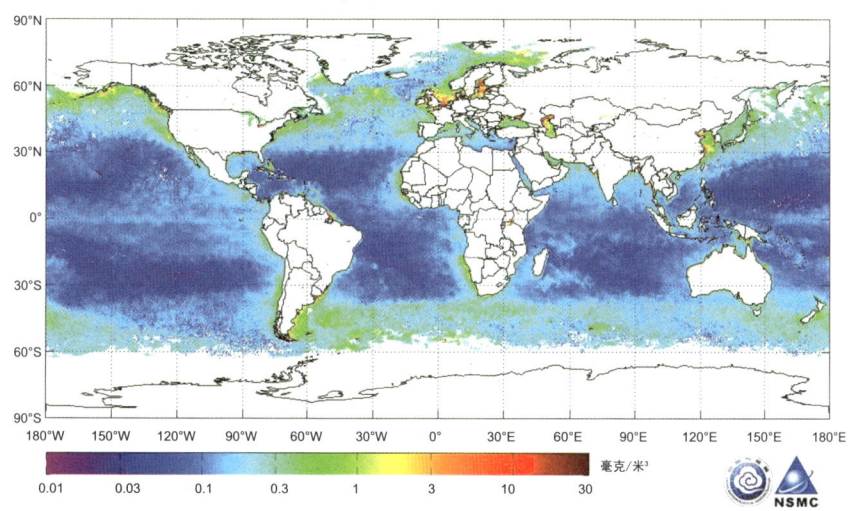

图 24　2013 年 4 月 FY-3B MERSI 全球叶绿素 a 浓度月平均值分布图

利用卫星遥感，经过数据处理还可以获取的海冰特征要素，包括海冰覆盖面积、海冰厚度、海冰运动矢量、冰面温度等。海冰遥感产品主要应用于全球气候、航运、渔业、能源、旅游、生物保护等多个领域。目前，海冰遥感产品中最为成熟，应用最为广泛的是海冰覆盖面积产品。图 25 是风云三号卫星捕捉到的格陵兰岛的海冰覆盖情况。

火山爆发对全球环境变迁有重要的影响，自 20 世纪 60 年代国际上就开始基于火山灰中的酸性气体和微小矿物颗粒对特定波段的吸收和反射特性，实现了卫星遥感手段探测火山灰云，识别和分析火山喷发的地点、范围和火山云的形态特征。国家卫星气象中心自20世纪90年代即开展了利用静止气象卫星监测火山灰云的工作。随着中国第二代风云静止气象卫星的发射,进一步加强了火山灰云遥感监测的技术研究,相关火山产品也开始业务应用,图26是风云三号卫星捕捉到的冰岛火山爆发情形。

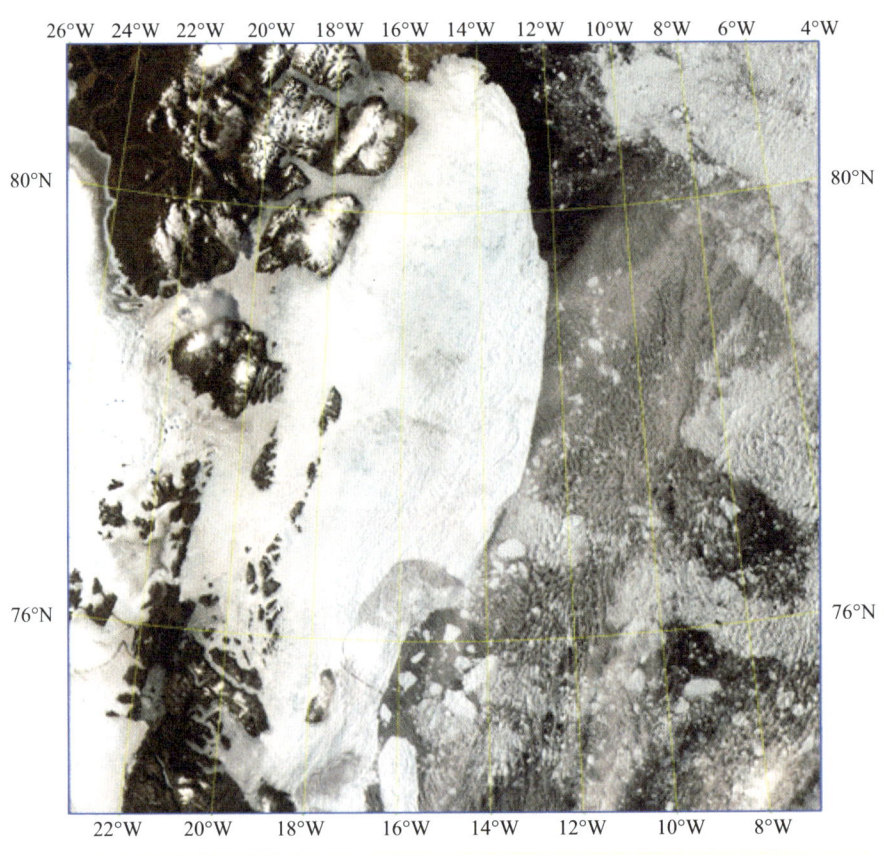

图25 风云三号气象卫星格陵兰岛海冰监测图

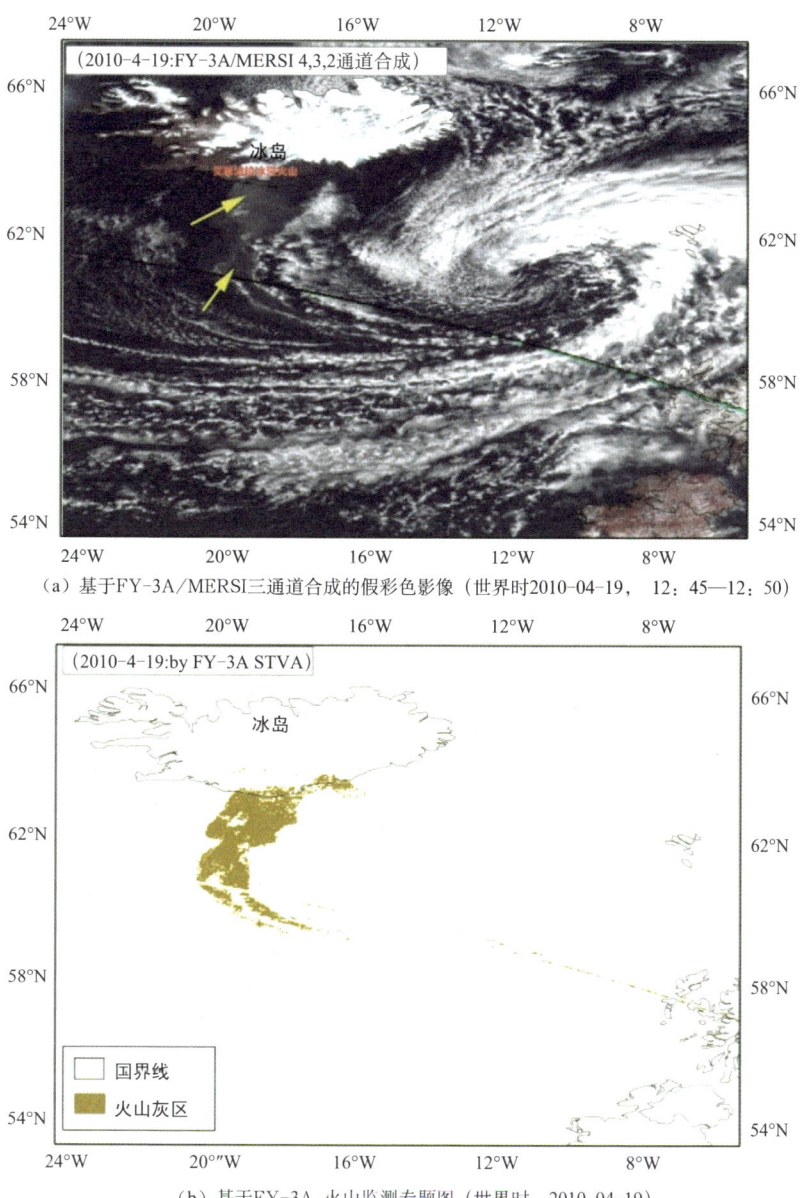

(a) 基于FY-3A/MERSI三通道合成的假彩色影像（世界时2010-04-19，12:45—12:50）

(b) 基于FY-3A 火山监测专题图（世界时：2010-04-19）

图26　风云三号卫星拍摄的冰岛火山爆发

龚山陵
说雾与霾

走近龚山陵

有这样一位教授,获得多伦多大学化工及应用化学系博士,是加拿大环境部高级研究员。目前他是国家"千人计划"国家特聘专家,中国气象科学研究院研究员,中国气象局雾-霾创新团队的学术带头人,博士生导师。他是世界气象组织城市气象和环境研究示范项目GURME的科学指导委员会委员,全球大气污染物洲际传递计划(HTAP)、世界气象组织国际沙尘暴预警评估系统(WMO SDS-WAS)和全球气溶胶模式比对研究计划AEROCOM专家组成员。他是国际知名科学刊物《大气化学及物理》ACP特约编辑。他曾获加拿大政府颁发的诺贝尔奖、IPCC的特别贡献奖以及中国气象局气象科学和技术工作研究开发一等奖。他,就是龚山陵。

龚山陵教授长期从事大气气溶胶及其对空气质量和气候影响方面的研究。在气溶胶模式开发、微物理过程研究,以及在与天气气候模式耦合方面,取得了一系列原创性和有国际高度影响力的研究成果。他主持开发了气溶胶模块CAM(Canadian Aerosol Module),实现了多组分、多粒径的气溶胶理化及光学特性方面模拟和在空气质量和气候模式中的应用,该模块也是中国气象局化学天气数值预报系统的核心气溶胶模块。他研究发展了更为准确的海盐释放参数化方案,被包括美国国家海洋和大气管理局(NOAA)和国家航空航天局(NASA)在内的多个空气质量和气候模式应用,并应邀为国际大型的气溶胶模式比对研究计划 AERO-COM 提供标准的全球海盐排放。他的研究中关于海盐对气候的影响、海盐对污染物洲际传递的影响分别被写入 IPCC 第 3 次和第 4 次评估报告。他研究了包含沙尘气溶胶的起沙、输送机制的沙尘暴模式,参加了大型试验 ACE-ASIA 和国际沙尘暴模式对比计划 DMIP。他负责世界气象组织加拿大北极站的气溶胶常年观测和北极气溶胶理化特征及趋势研究,他利用小波分析的方法,成功分离人为与自然因素对北极气溶胶浓度的影响程度,发现了东亚黑碳气溶胶对北极的影响极小的特点,为研究全球气候变化对北极的影响提供了珍贵的资料和基础。此外,他还进行了污染物 POPs 在大气中的分布及输送等方面的研究,并参加了 EMEP 毒物模式对比研究计划。

在与中国气象局合作过程中,他指导了中国气象局亚洲沙尘暴预报预警系统 CUACE/Dust 和大气成分数值模拟预报系统即化学天气预报系统 CUACE (China Unified Atmospheric Chemistry Environment) 系统的建立。由该系统衍生的亚洲沙尘暴预报预警系统 CUACE/Dust 和中国气象局雾霾数值预报系统已经成为中国气象局的业务预报系统,在沙尘暴和雾霾数值预报服务中发挥作用。他积极培养各种人才,分别于 2007 年和 2008 年联合主编了大气化学及物理杂志(ACP)上的专刊 "Dust Storm Forecast and Early Warning in East Asia" 以及 2014 年和 2015 年的专刊 "Haze-fog forecasts and near real time (NRT) data application",两个专刊均是以中国气象局中青年为主发表的文章。

2013 年之后他全职回到中国气象局工作,负责亚洲太平洋经济合作组织(APEC)预警预报服务、"9·3 阅兵"预警预报及评估。其中他组织撰写的 APEC 评估报告获得国家领导人批示。他还主导完成了中国气象局雾霾数值预报系统升级,有效地提升了雾、霾的预报水平。在结合中国气象局的环境气象业务发展战略的同时,他主导了环境气象指数研发,建立了满足环境气象业务的集环境气象预报、气象因素评估和减排评估一体化的系统，为环境气象业务发展提供了很好的基础。他作为专家参加了科技部大气污染专项指南的编写，为中国气象局在雾、霾科技支撑方面做出了很好的发声。

中国的大气成分及其对天气气候的影响一直受世界关注，目前国际上针对中国的研究大多片面，研究结论存在很多争议，且大气成分的数值预报研究无疑是一项长期而艰巨的任务，是研究我国的大气成分的重要基础和平台。龚山陵教授的加入无疑为中国气象局未来在环境气象及其影响方面发挥重要的作用。

辩证看待中国的雾与霾

雾-霾是一种特殊的气象灾害。雾-霾包含了雾和霾。雾是指浮游在近地面空气中的大量微小水滴或冰晶对可见光的散射作用，使能见度小于1.0千米的天气现象；霾是指大量极细微的干尘粒等均匀地浮游空中，使水平能见度小于10千米的空气普遍浑浊现象。雾-霾，尤其是霾，对气候、自然环境、人类健康、社会经济发展等有诸多影响。

自2011年$PM_{2.5}$一词在中国迅速普及以后，人人谈霾色变。实际上在污染出现之前，霾自古有之，它被视为一种天气现象。早在甲骨卜辞中就已经出现霾字，但那时仅是占卜之辞。将霾作为一种天气还要追溯到《诗经》，《诗·邶风·终风》中写道："终风且霾，惠然肯来，莫往莫来，悠悠我思。"第一次将霾作为极端天气引起统治者重视的是《晋书·天文志》，其中霾详解为："凡天地四方昏蒙若下尘，十日五日已上，或一月，或一时，雨不沾衣而有土，名曰霾。"在工业革命之前，这些自然颗粒物（包括$PM_{2.5}$）的来源主要包括沙尘暴、火山喷发（二氧化硫）、海洋（二甲基硫化物及海盐）、生物源挥发性有机物、生物质燃烧和土壤的排放等。但随着人类活动的增加，以化石燃料为主导的工业及人类活动而产生的颗粒物不断增加。与自然源叠加，这些浮游在空中的颗粒物对太阳光形成散射和吸收，导致能见度的下降，当颗粒物浓度达到一定高值时，便形成了霾。一旦空气中水汽较多，某些吸水性强的颗粒物会吸水、长大，进一步降低能见度。这一部分人为排放造成的霾即人们平时所见灰蒙蒙的污染天气。

近代，特别是改革开放以来，中国的雾-霾灾害发生次数总体呈上升趋势，其中雾日天数减少，而霾日天数却节节上升。对比国际上其他雾-霾灾害发生地，如伦敦、洛杉矶等，中国的雾-霾呈现出持续时间长、影响范围广、污染程度高等特点。2013年是有雾-霾监测数据以来，雾-霾灾害最为严重的一年。根据全国2500个气象观测站的雾-霾观测资料统计显示，2013年1—11月，每站平均出现雾-霾日数36.5天，与历史同期相比，超出13.2天。京津冀地区、长三角地区、西南地区和两广地区是中国雾-霾灾害较为严重的四个地区。研究发现，自20世纪50年代以来，我国霾变化主要分为三个阶段（图27）：1980年以前是缓慢上升阶段，1980—2000年是平稳阶段，2000年之后是快速上升阶段。通过全国721个站点1961—2007年的高密度观测资料分析发现，20世纪60年代全国平均霾出现日数只有2.4天，21世纪以来的年霾日比20世纪60年代增加了4倍之多，上升趋势非常明显。依据长三角地区55个气象观测站的资料分析显示，2013年1—10月的304天中，各站平均出现霾天气94.2天，霾日数比例达到30%以上，而历史平均霾日数41.9天，增长比例超过100%。京津冀26个气象观测站统计的各站平均霾日数也达到了49.1天，相比历史同期的19.2天，增幅超过150%。

毋庸置疑，我国雾-霾天气的发展趋势是和我国近几十年来的社会经济发展趋势紧密相关的。我国能源消费和GDP的增长呈现极强的相关性（图28），而中国的能源结构是以燃煤消费为主导的，一次能源消费结构

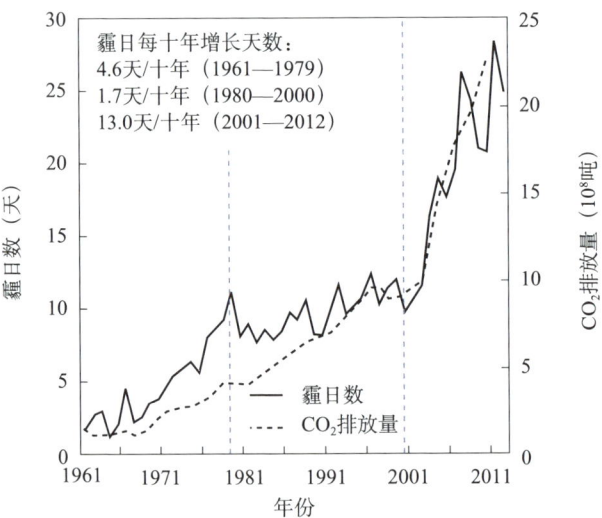

图27 近50多年中国中东部地区平均霾日年际变化及与CO_2排放的关系

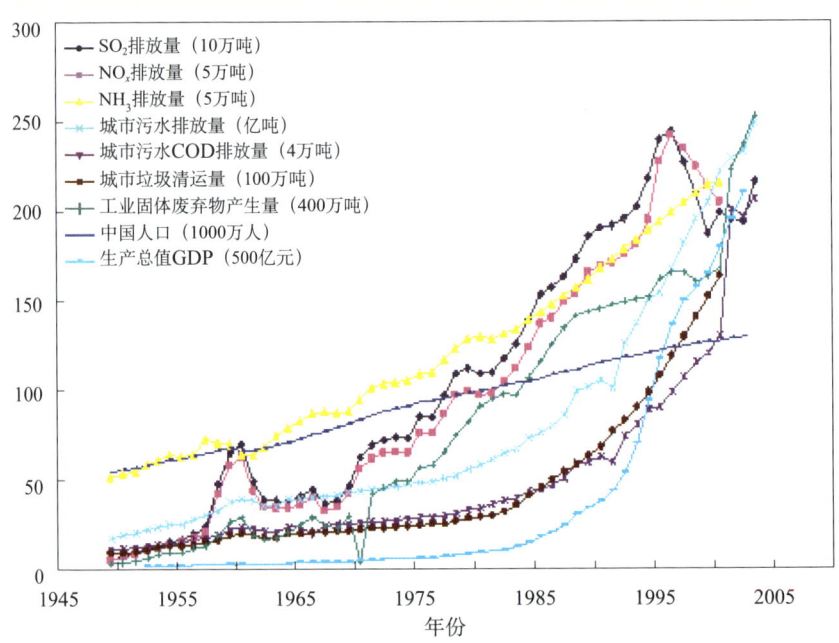

图28 中国自1945年以来主要污染物排放及GDP变化趋势

中煤炭约占67.5%，是少数几个以燃煤为主的国家之一（表1）。加上我国经济发展方式粗放、产业结构和能源结构不尽合理，我国大气污染的显著特征是多种污染物同时以高浓度存在，形成过程相互影响。从污染物主要来源看，主要是工业排放、交通运输排放、面源排放等。其中，工业排放主要是电厂、冶金、建材、化工等生产过程。据统计，2012年我国工业排放的挥发性有机物（VOCs）、氮氧化物（NOx）、$PM_{2.5}$、二氧化硫（SO_2）分别为1250，980，550和1300万吨，各占总排放量的54%，31%，43%和55%。同年我国包括机动车、非道路机械、船舶等移动源的交通行业排放的VOCs，NOx，$PM_{2.5}$，SO_2分别为280，1240，120和89万吨，各占总排放量的12%，39%，9%和4%。施工扬尘、农业秸秆燃烧、肥料释放、民用燃煤等来源的面源排放的VOCs，NOx，$PM_{2.5}$，SO_2分别为160，110，240和200万吨，各占总排放量的7%，4%，19%和13%。

表1 世界各国能源消费占比

	石油(%)	煤(%)	天然气(%)	水电(%)	核电(%)	可再生能源(%)
中国	17.8	67.5	5.1	7.2	0.9	1.5
印度	29.5	54.5	7.8	5.0	1.3	2.0
美国	36.7	20.1	29.6	2.7	8.3	2.6
世界平均	32.9	30.1	23.7	6.7	4.5	1.9

从污染成因看，各种来源排放的$PM_{2.5}$，SO_2，NOx，VOCs，NH_3和重金属等污染物，直接影响大气环境质量。同时，这些污染物还会在大气中发生化学转化，产生大量的二次污染物，如臭氧和硫酸盐、硝酸盐、铵盐及高氧化态有机物等二次细颗粒物。研究表明，京津冀地区发生的几次大范围雾-霾天气，形成原因是内外因素的叠加。内因是污染物排放持续增加，京津冀地区$PM_{2.5}$有来自燃煤、机动车、扬尘、生物质燃

烧等的一次来源，这些源排放的硫氧化物、NOx，VOCs等经二次转化形成的二次细颗粒物在PM$_{2.5}$质量浓度中占60%～80%。

雾-霾产生的另外一个重要因素，就是频繁出现的不利气象条件。京津冀地形和气象条件总体上不利于污染物扩散，静稳天气的发生频次远大于其他区域。自20世纪60年代以来四季地面风速整体呈明显下降趋势，一旦遇到静稳态天气等气象条件，容易发生雾-霾天气。这些因素使得我国大气污染成为世界范围内最为复杂的环境问题。在影响雾-霾水平高低震荡的三大主控因素中，亦即：大气污染物的排放，大气转换过程及天气气候条件，天气条件起到关键性的控制作用。年降水日数的减少、年平均风速的减小和静风天数的增加，这三种气象条件的变化是导致雾-霾灾害越来越严重的气象因素。降水可以冲刷空气中的颗粒悬浮物，雨后天晴正是反映了这种现象。而如果降水日数减少，大量的悬浮物将由于缺少雨水的冲洗，长久地悬浮在空气中，成为形成雾-霾所必需的物质基础。1961—2013年，中国总体降水日数呈现减少趋势，平均每十年减少3.9天。降水日数的减少降低了雨水冲刷空气中悬浮颗粒物的能力，加大了雾-霾发生的可能性。风通过搬运作用，可以将局部地区空气中的细微颗粒吹送到其他区域，或者使其垂直运动，与上层的空气充分混合，从而稀释空气中的污染物质，改善空气质量。如果风速减小，则不利于污染物质的扩散和稀释，容易导致雾-霾的发生。图29反映了中国中东部地区年平均风速的变化趋势，可以发现60年来年平均风速呈现降低的趋势，静风日数却在显著的增加。静风容易催生稳定的大气条件，而稳定的大气条件不利于污染物质的扩散，有助于雾-霾天气的形成和维持。

近百年来全球气候正经历一次以变暖为主要特征的显著变化，温度的升高不仅直接影响温度极端值的变化，且导致高温干旱和暴雨洪涝等极端气候事件的发生频率与强度出现加剧的趋势。在这一全球背景下，与雾-霾形成关系密切的影响我国的异常气候现象包括极端温度、东亚季风异常和极端降水也显示出自己的区域特点和趋势。研究发现，1986—

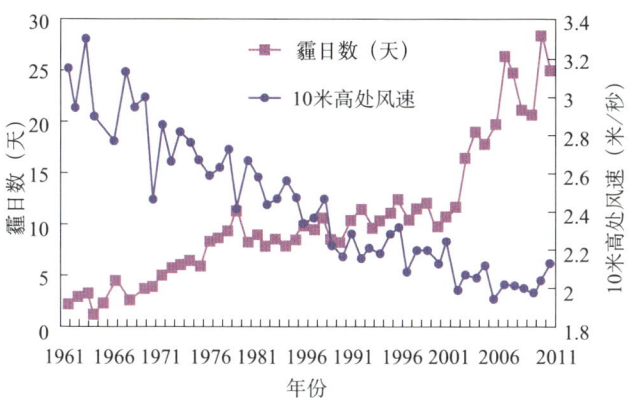

图 29　中国中东部地面平均霾日年际变化及与近地面风速的关系

2010 年与 1961—1970 年相比，冬季风明显偏弱，导致环流形势在水平方向和垂直方向上都不利于污染物的扩散，为华北黄淮地区的霾的形成提供了很好的气候背景，也与这些地区的霾的增加有很好的相关。弱冬季风导致地面风速小、大气静稳，造成了 2013 年我国东部持续的重雾-霾天气，大气的热动力因子的回归方程可以预测约 70% 的重雾-霾的天气气候成因。而夏季风异常与降水、干旱、大气湿度异常相关，进而影响雾-霾的天气的形成。研究发现夏季风带来南半球的干净空气，对我国的气溶胶的浓度有稀释作用，同时夏季风带来的降水增加了气溶胶的湿沉降，这些作用造成气溶胶的浓度在夏季最低。弱的夏季风导致气溶胶浓度平均增加了约 20%，东亚冬季风的年际间减弱可加重我国东部地面气溶胶污染水平超过 30%（南方）和 40%（北方）。

因此，在短时间排放源变化不大的条件下，如何应用气象因素来调节和控制重污染事件的发生，具有极其重要的意义。目前在京津冀地区采取的重污染过程的联防联控，在某种程度上对地区的重污染水平的消减起到了积极的作用。提高联防联控效率的关键在于准确的雾-霾预报，环境气象水平的提高是支撑我国重污染调控的核心；而彻底解决我国雾-

霾污染的现状,则需要从源头治理着手,优化我国的能源结构,降低整体排放,使之保持在低于环境承受容量的水平之下。

国内外治理雾-霾的经验

● 国外

发达国家在经济发展的过程中也发生过严重的雾-霾灾害,对于如何应对和治理雾-霾,他们给我们提供了很多前车之鉴。二十世纪四五十年代,大气污染最早发生在西方发达国家。例如,英国伦敦煤烟型污染、美国洛杉矶光化学烟雾污染、北美地区和欧洲大面积酸雨污染。通过大量的科学探索和持续的治理实践,这些污染问题得到了有效控制。国外大气污染治理的历程表明,不同类型大气污染问题的治理途径和策略具有很大差别,需要针对污染特征,找到最有效的解决办法。

伦敦烟雾事件

1952年,英国伦敦出现严重雾-霾污染,颗粒物浓度超过1毫克/米^3,持续时间超过5天,导致几千人死亡,引起了英国各界关注。通过深入研究,确定导致能见度降低和人群死亡的主要污染物是由二氧化硫(SO_2)转化生成的硫酸酸雾,揭示了静稳天气与污染形成的关系。随后英国政府颁布并实行了一系列法律用于大气环境保护,包括1956年的第一部《清洁空气法案》,1968年、1993年的第二版和第三版《清洁空气法案》,1974年的《空气污染控制法案》等。通过调整能源结构和产业布局、研发和推广燃煤污染控制技术、划定烟尘控制区、制定经济政策等措施，逐步控制了工业排放，减少了因为化石燃料燃烧引起的烟尘和硫化物污染，改善了伦敦地区的空气质量。到20世纪80年代烟尘和SO_2污染基本得到控制，成为城市煤烟型污染防治的典范。值得注意的是，伦敦的大气污染问题并未得到彻底根治，霾污染近年来时有发生，大气污染治理必须在一个很长时期内常抓不懈。

洛杉矶光化学烟雾事件

在美国，西海岸的加州地区是美国受雾-霾灾害天气影响最严重的地区。1943年，美国洛杉矶发生严重烟雾事件，大气具有极强的刺激性，能见度只有2个街区的距离，很多居民因此罹患疾病，导致几百人死亡。为此，美国联邦政府1955年出台《空气污染控制法》，第一次针对空气污染问题制定法律。早期，洛杉矶采用了治理煤烟型污染的各种措施，但收效甚微、污染依然严重。20世纪50年代，加州理工大学科学家通过系统研究，确定洛杉矶烟雾与煤烟型污染不同，主要污染物是臭氧和细颗粒物，是由机动车和石油化工等污染源排放的NOx和VOCs经过一系列复杂的化学反应生成的。这一研究结论促使政府于1963年出台了《联邦清洁空气法》，重点控制机动车和石油化工等行业排放，初步遏制了光化学烟雾污染恶化的势头。1960年后，成立加州南部海岸空气质量控制区和加州空气资源管理局，科学制定光化学烟雾防治对策，研发光化学烟雾监测预警技术、机动车尾气控制技术、零排放汽车和油品品质改善技术等，开展洛杉矶及周边四县的区域污染联合控制，洛杉矶大气臭氧浓度才开始快速下降，成为光化学烟雾防治的典范。尽管如此，洛杉矶历经70年的努力，以臭氧为代表的二次污染仍是其主要环境问题，显示了光化学烟雾的复杂性和治理工作的长期性。

1997年以前，美国国家环境空气质量标准中主要关注和控制的是总悬浮颗粒物（TSP）及可吸入颗粒物（PM_{10}），1997年后多项研究表明可吸入肺部的颗粒污染物也就是$PM_{2.5}$对人体健康的影响更大，美国开始专门针对 PM$_{2.5}$ 进行监测。60 余年的摸索使得美国在治理雾-霾等空气污染领域取得了长足进步。

欧洲区域酸雨污染

20 世纪 60 年代在欧洲特别是北欧和西欧出现大面积酸雨，成为在煤烟型污染之后欧洲面临的重大环境问题。早期，欧洲各国各自开展酸雨污染防治，控制 SO$_2$ 排放，但酸雨区的污染没有明显变化。通过欧洲各国的联合研究，确认酸雨是区域性的污染现象，跨越国境的污染输送是导致酸雨的主要成因。1979 年欧洲主要国家签署了《长距离跨界输送空气污染的日内瓦公约》，确定了区域大气污染防治的法律框架，并分阶段签署了 SO$_2$ 控制议定书、NOx 控制议定书和多污染物控制议定书等，确定了欧洲各国开展大气污染防治的责任和义务。在公约和议定书的框架下，欧盟建立了区域监测网络、动态污染源清单和法规空气质量模型等三大技术，组建了公约秘书处和科学中心作为决策机构，通过统一技术标准、信息公开和数据共享，动态确定各国的减排目标。欧洲酸雨污染自 1990 开始逐步得到控制，目前已基本解决了酸雨问题，构建了基于"监测—减排—核查—评估"管理模式的区域污染联防联控的典范。

西方国家的经验教训表明，要有效防控大气污染，首先，要弄清大气污染机理，找到"元凶"，厘清成因，确定主要污染来源，避免像洛杉矶光化学烟雾治理早期所走的弯路；其次，国外经验不能照搬，例如伦敦实施的全面煤改气措施就不符合发展中国家能源结构的现实。不同污染类型、不同发展阶段治理措施不一样，治理措施要适应污染特征和基本国情；第三，大气污染治理没有捷径，需要统筹规划，采取综合治理措施，持续加大治理力度；第四，科学技术发挥了重要作用，发达国家纷纷设立了专门的长期科技研究计划，例如欧盟城市大气污染治理科技计划、全美十年酸雨科学计划等，对这些国家大气污染治理发挥了重要支撑和引领作用；第四，也是非常关键的一步，就是在弄清大气污染机理，找到"元凶"的基础上，制定相关的法律规范，强化环境立法与监管，严格执法。

◆ 国内

我国在20世纪80年代开展了针对酸雨污染成因的研究，90年代开展了针对SO_2，NOx和PM_{10}污染防治的基础研究，并在一些典型城市研究了$PM_{2.5}$的污染状况和污染特征，开展了国家酸沉降和SO_2"两控区"区划和控制研究，形成了主要大气污染物总量控制理论和方法，提出了区域大气复合污染机制的框架。近十年，在京津冀、珠三角和长三角等重点区域和典型季节，开展了大型综合观测实验，初步认清了三大城市群区域大气$PM_{2.5}$和O_3污染的状况和特征，解析了大气$PM_{2.5}$和O_3的来源，定量分析了$PM_{2.5}$及化学组成对大气能见度的影响，量化了二次细颗粒物和O_3与前体物的非线性关系。这些研究成果支撑了当前对我国严重雾-霾形成的基本认识，认清了京津冀及其他地区雾-霾的主要成因是不利气象条件下的大气复合污染，气象和污染的共同作用导致区域性雾-霾快速地恶化和蔓延。

但我国大气污染具有与发达国家显著不同的特征，如此大规模持续性雾-霾的防控是国外没有经历过的，国外的基础研究成果难以直接用于认识中国的问题，我国不同区域不同城市的污染形成机制也不尽相同，只有充分认识不同区域污染形成机制的特点才能制定有针对性的防控措施。我国大气污染防治的基础研究取得了明显进步，但是针对大范围雾-霾的形成过程特别是二次细颗粒物的快速增长等机理缺乏清晰的认识，要解决这些机理问题亟需深入研究大气氧化性能力、$PM_{2.5}$和臭氧的耦合机制、大气污染与气象过程相互作用等基础科学问题，进一步明确大气雾-霾形成的主控因子，支撑大气污染防控向精细化发展。

大气污染监测与数值模式是全面掌握大气污染状况和发展态势、支撑和保障环境管理的基础。大气污染的监测技术向高精度、高选择性和高稳定性发展，大气污染监测、边界层探测和卫星遥测技术向立体化和动态化发展，大气污染、气象过程与数值模式向精细化发展。国际上，以欧美为代表的发达国家相继研发了成套的大气二次污染物（细颗粒物及其化学组成）和关键前体物（SO_2，NOx，NH_3，VOCs等）的自动在线监测技术设备，发展了高精度的大气边界层气象要素和环境污染物垂直分布的地基遥测设备，开发了观测全球大气成分和细颗粒物等污染的卫星遥感仪器，形成了比较完备的监测方法、技术与标准体系，满足了业务化大气污染监测和大气环境科学研究的需求。近年来，主要突破了大气 HOx 和 NO_3 自由基等表征大气氧化能力的超痕量组分测定技术，发展了高分辨率飞行时间质谱仪、超细颗粒物粒径分布分析仪等高精尖技术和设备。我国目前在大气环境监测单项技术已取得重要突破，初步形成了满足常规监测业务需求的技术体系。我国先后研发的 PM_{10}，SO_2 和 NO_2 等污染物监测技术和设备，基本满足了空气质量自动监测、污染源烟道在线监测、机动车尾气道边检测等的需求；发展了 $PM_{2.5}$，O_3，VOCs 等污染物在线监测技术，部分高端科研仪器如气溶胶雷达、单颗粒气溶胶飞行时间质谱仪等已开始得到应用。

我国在空气质量模式研发上有长足的长进，逐步建立了动态源清单技术及多污染物源清单数据库，发展了多种类型空气质量数值模式，有力支撑了我国各个发展阶段污染治理与环境质量改善。空气质量模式包含了大气中主要的颗粒物组分以及复杂的大气化学和气溶胶物理转化过程，结合气象影响因素，可提供从全国尺度到城市尺度的不同分辨率模拟，在全国和区域的雾-霾业务预报预警中发挥了重要作用。

与此同时，我国对大气污染的源头治理也展开了大量的工作。随着国家排放标准的日益严格和产业升级的迫切需求，大气污染物治理技术经历了从除尘、脱硫、脱硝等单一治理向多污染物协同深度减排、从末端治理向全过程控制发展阶段，并且正在从工业源、移动源为主向点、线、面等多污染源综合治理转变，不断提升以空气质量改善为目标的污染物防控的科技能力。这些包括：

燃煤烟气污染排放控制技术

国际燃煤烟气污染物控制技术的发展经历了单一污染物脱除、多污染物协同控制和新型污染物控制三个阶段。目前，除尘、脱硫、脱硝等燃煤烟气排放控制技术已在发达国家燃煤电厂普遍推广应用，实现了对燃煤排放的二氧化硫、氮氧化物、细颗粒物等多污染物的有效控制，多种污染物协同控制技术已取得突破，并在逐步推广应用过程中。同时，针对燃煤排放的可凝结颗粒物、重金属和三氧化硫（SO_3）等污染物，发达国家正在积极部署和推进技术研发工作，进一步提升其燃煤烟气排放控制能力和水平。

我国燃煤烟气污染排放控制技术水平与国外发达国家基本相当，自主研发的大型电袋复合除尘、高效石灰石石膏湿法脱硫、高效循环流化床半干法脱硫和催化脱硝等技术已在国内推广应用，支撑了我国"十一五"SO_2总量削减目标的提前实现，并使NO_x总量"十二五"期间出现下降。多种污染物协同控制技术实现了燃煤电厂烟气常规污染物的超低排放，且自主研发的超低排放技术在控制常规污染物方面部分领先于发达国家。

工业源污染排放控制技术

冶金、石化、建材等行业在我国国民经济体系中占有相当大的比重，由于粗放式的生产模式，也是工业大气污染排放的主要来源。发达国家经过长期的经济发展，这些行业在产业结构中的比例相对较低，污染问题不是特别突出，其污染控制技术不是发展重点。

"十一五"以来，我国针对这些行业排放量逐年增加的趋势，加强了污染排放控制技术的研发，自主开发的除尘、脱硫等技术已在相关行业推广应用。工业清洁生产技术也取得了突破，在降低污染排放的同时也带动了产业的转型升级，例如干法水泥窑生产工艺已在全行业推广，大幅减少了水泥行业氮氧化物的排放强度；开展钢铁烧结和玻璃窑炉余热利用研究和示范，提升了钢铁和建材行业的节能水平。

移动源污染排放控制技术

我们国家机动车尾气排放基本沿用了欧盟标准，1999年北京市率先实施国Ⅰ标准后，我国开始对机动车尾气污染全面控制。从国Ⅰ国Ⅱ阶段控制CO和HC污染物，到国Ⅲ阶段加强对NO_x控制，未来发展到超细颗粒物协同控制，满足国Ⅵ标准。核心技术从贵金属催化氧化HC技术，发展到能够同时还原NO_x的三效催化剂，捕集细颗粒物的过滤吸附技术。"十二五"期间重点开展了汽油车高稳定耦合催化剂，有望解决发动机冷启动排放难题。研发的尿素选择性催化还原NO_x技术满足了重型柴油车尾气中氮氧化物排放标准。核心技术的创新突破和产业升级，支撑了我国机动车从国Ⅰ到国Ⅳ排放标准的实施。

德力格尔
说大气本底气象观测

走近德力格尔

一个从柴达木盆地草原走出的蒙古族汉子,凭借对国家、气象工作的热爱,将毕生心血奉献给了高原气象事业。在任职中国大气本底基准观象台台长的13年时间里,他用坚守、热情将这个世界气象组织欧亚大陆唯一的大气本底基准观象台,打造成闻名国内外的一流气象台站。在高海拔、孤独寂寞的环境中,默默无闻地实现着自己的人生价值。

德力格尔,1954年出生于青海省海西蒙古族藏族自治州,由于修建青藏铁路气象科学考察的需要,年轻的他被招入青海省气象部门,成了一名光荣的少数民族气象工作者。1976年至1979年,他被安排到兰州大学,系统学习了气象知识,为后期开展基础观测、管理、科研等工作打下来了良好基础。

"如果说我在近40年的气象生涯中取得了一点成绩,首先离不开党和国家的培养。国家没有把我招进气象部门,一个'草原放羊娃'决不会成为气象工作者。其次,离不开广大同事、前辈、老师、领导的鼓励、支持和赏识。"如今,退休后的德力格尔如此评价他的气象人生。

他说:"从事气象工作以来,我从不放弃对专业的学习、思考、研究,看业务书、搞业务工作、交业务朋友成为我的兴趣和爱好。"

是的,从"草原放牛娃"成为气象工作者、成为领导干部、成为正研级高级工程师,又获得周光召基金奖,一步步走来,如果没有坚持、勤奋工作、干一行爱一行的精神，德力格尔是不会有今天的荣耀的。

德力格尔对年轻时在唐古拉山工作的经历记忆犹新。为了做好青藏铁路建设前期科考工作，20世纪70年代，他们在楚玛尔河地区开始气象观测。当时楚玛尔河地区几乎天天有大风，每天早上起床后的第一件事情就是清除掩埋帐篷门的积沙，人也是灰头灰脸，眼睛、牙缝、耳朵里面都是尘土。就是在这样的环境下，一本刚出版的《气象知识》成为德力格尔的最爱，他天天抱着书看，从书上知道了地面观测外的很多气象知识。

德力格尔说，当时，科考队有很多来自北京、南京等地的著名气象科学家，他们渊博的学识、严谨的治学态度给他留下了深刻影响，潜移默化地影响了他一生的行动和思维。

从大学毕业后，他先后在青海省气象科学研究所、青海省气象台做科研、预报工作，再到格尔木市气象局、青海省气象局业务处、青海省人工影响天气办公室做管理工作。不一样的工作岗位，一样的是他对气象事业的热爱和对工作的满腔热血。在青海省气象台当预报员期间，德力格尔理论联系实际，独创了很多适合预报高原天气的技术和方法，成功预报1985年"10·17"青海南部特大雪灾，获得青海省政府表彰奖励。在任青海省人工影响天气办公室主任期间，经十多年的努力把青海省的人工影响天气工作推向全国前列，组织进行了举世瞩目的"黄河上游人工增雨试验"，为了全面总结试验工作，提炼科学成果，德力格尔用5年时间，编写完成了《青海省黄河上游人工增雨试验与研究》专著。他在青海省农牧业气候区划、人工影响天气研究、空气质量预报等方面做出了贡献，先后获得"青海省十大青年科技工作者""全省抗灾保畜先进个人"等荣誉称号，在平凡的岗位上做出了非凡的业绩。

2001年11月，德力格尔调任中国大气本底基准观象台台长，新的挑战和机遇又降临到他身上。

建于20世纪90年代初的中国大气本底基准观象台是代表亚欧大陆大

气本底的全球基准观象台,是国际著名的大气化学本底监测站,国际关注度高,承载着重要的科学意义和价值。但由于自然环境条件差、建站时间短、运行和管理经验不足、基础设施简陋、福利待遇低而造成职工不安心等一系列问题等待着他去解决。

从到任第一天起,他就投入到调研工作中,查找问题的根源,理思路,想办法,寻找途径。先后解决了与职工切身利益有关的如评职称、在职教育、野外待遇等问题;环境得到美化,交通工具得到更新,道路畅通了,基础条件得到明显改善,职工的工作热情提高了;建章立制,规范业务流程,建立了一系列交接班、巡回检查、登记通报等制度,使监测业务运行日趋规范完善。针对中国大气本底基准观象台远离城市,社会治安、火灾等安全隐患突出的实际,建立了专人定期、定点、定要素安全生产月排查和安全生产月通报制度,开通了安全视频系统,从源头和制度上杜绝安全隐患。

13年来,他狠抓业务建设,完善规章制度,将年轻高学历人员充实到业务第一线。在仪器运行、资料审核等环节严格执行责任制,采取措施杜绝停机、漏测、缺测等事故,使业务质量迅速得到提高,观测业务一直保持较高水平。与此同时,他积极争取项目,推动现代化、改善通信、网络等条件,通过邀请专家专项培训,大力培养技术骨干,强化内部素质,使管理、技术、环境、人才等各项工作迈上了新台阶。

在中国大气本底基准观象台承担科技部"国家野外科学试验站"建设任务之后,德力格尔带领团队对设备、技术、环境、规章制度、人才培养等进行了建设与调整,顺利通过科技部组织的验收,并在全国野外科技工作会议上受到表彰。

德力格尔工作经验丰富,视野开阔,"点子很多"。他认为,中国大气本底基准观象台有很多其他气象观测站没有的观测资料,拥有得天独厚的优势。在他的积极推动下,青海省大气成分中心和大气成分分析室建立,开发了多种大气成分分析服务产品,在青藏铁路开通、玉树地震抗震救灾等事件中发挥了积极作用。同时,他在城市地区灰霾、高原大气含氧、大气成分与环境、大气成分与生态、大气成分与高原气候等领域里,带领年轻科研人员进行探讨,积累经验,使他们开阔了眼界和思路,在分析资料、开发大气成分服务产品方面进步很大。如今,退休后,他又凭借自己的经验,协助格尔木市气象局科研人员进行关于沙尘暴防治方面的研究。

"瓦里关是天底下最美的圣地,我始终魂牵梦萦着那片土地,就算闭上眼睛,我也清楚地知道瓦里关的沟沟壑壑、山山水水,以及观象台的一个螺丝钉、一个观测仪器的安放点,甚至一个小小的安全隐患点。"不论人在何时何地,瓦里关中国大气本底基准观象台依然是他最牵挂的地方。如今赋闲在家的他,喜欢书法、画画、文学创作,而瓦里关,是他唯一不变的题材。

(转引自《中国气象报》2015年5月27日第1版和第2版)

小站连着大挑战

2016年4月23日,全球175个国家的代表聚集于美国纽约联合国总部,签署国际社会等待已久的《巴黎协定》,在这一人类历史上最关键的气候变化共识产生时刻,远在青藏高原瓦里关山的中国大气本底基准观象台五十一岁老观测员郑明,与往日一样,带着刚参加工作的二十二岁的李明,走出工作室来到采样平台采集样品气体。4月的瓦里关山仍然寒气逼人,接近4000米空旷高空的清晨气温还很低,寒风使两人的手脚很快麻木,但师徒二人熟练地操作着采气过程的每一个技术细节,经过近20分钟的忙碌,两瓶高压气体灌制完成,两人又把气瓶搬回工作室,接下来还要进行贴标签、封口、装箱等工作。

采集气体样品是中国大气本底基准观象台技术人员每日业务流程中的仅一项,郑明师徒二人接着做调试仪器、更换标准气、数据记录、填写报表、气象观测等一系列工作,还要抽时间做饭、清扫卫生等杂务,全部工作做完,就到正午了。吃饭、少许休息后还要接着做下午的工作。二十余年来中国大气本底基准观象台值班人员每天重复着这些繁琐而单调的工作。

20世纪80年代末,中国大气本底基准观象台诞生,标志着中国的气候变化科学研究有了自己的本底基准站,而且填补了欧亚大陆本底大气观测的空白。从本底大气观测开始,从第一手资料起步,迈开了气候科学本底研究的新的步伐。同时,也开启了向有关国际权威研究、评估机构报送观测数据和论据,以及我国参与全球气候变化科学研究、评估论证的新的时代。

毋庸质疑,中国大气本底基准观象台的科学背景重大而深远。为了建设该站当初中国政府动员了与气候变化有关的所有力量和要素。郑明等老一代观测员清晰地记得,过去的二十多年中国大气本底基准观象台经历了许许多多重大事件,比如建站初期历时5年复杂而严格的选址论证、筹建过程,这其间各路专家和管理官员络绎不绝地上山来,看地形、评估环境,从不同专业协调各技术体系,业务路线。建设中国大气本底基准观象台中的国际合作与联动可谓空前,世界气象组织、联合国开发计划署、全球环境基金等国际组织迅速行动起来,协调各发达国家,配套设备和技术,把世界最先进的监测仪器源源不断地运到瓦里关山,建起了覆盖主要大气成分和相关要素的观测体系。与此同时,众多国内科学家不断到瓦里关山来,或科学考察或试验研究,学术交流与人员培训也紧锣密鼓的进行。这其间行政协调与服务也紧随而来,中国气象局高层、青海省党政领导密集上山来,视察工作,嘘寒问暖,协调解决交通、用电等问题,更为难能可贵的是当地牧民顾全大局,划出大范围优质草原为本底观测开辟环境保护区……一个气候变化科学研究支撑的持久战在中国政府、有关国际组织,中国气象局和青海省人民政府以及国内外科学家的多方合作连动下持续了二十多年。所有这一切说明了一个深刻的道理,应对气候变化是人类共同的责任,不分国界,不分中央和地方,不分行内和行外。同时,也叙述着一个不足二十人的偏远小站如何与人类共同关心的全球气候变化重大话题连接的一个个动人故事和那些难忘的岁月。

◆ 科学家的气候变化学说

大气中的主要成分为氮和氧,两者共占大气体积的99%,其中,氮占约78%,氧占约21%,此外,还有氢、二氧化碳、臭氧、水汽和固体杂质等。这些成分基本恒定不变的,其含量比对于人类和其他生物的生长发育是适宜的。然而,在人类活动以前所未有的规模出现时,大气中原始成分是否仍然保持定常?如果发生改变,原因是什么?

常言道"万物生长靠太阳"。科学家认为,太阳是气质高温球体,地球及大气每年接受太阳总辐射能量的十二亿分之一,一般来讲,太阳辐射能进入地球大气后,经过大气中的气体、粒子和云等吸收、散射和反射等过程,部分被重新反射返回到大气外层,部分消耗于加热大气,而其余部分会到达地球表面。到达地球表面的太阳能量中的一部分被地球表面所吸收,使地面升温,而另一部分又被地面反射穿过大气返回到大气层外。然而,地球及周边层也同样是一个辐射体,且不断地将大量能量释放到大气层外的宇宙空间去。通过计算得知,地球接收到的来自太阳的能量和地球自身散发的能量,两者之间存在约有33.5℃的差异,实际上这种差异就是由温室气体所造成。温室气体成分主要有二氧化碳、甲烷、氧化亚氮等。

二氧化碳作为最重要的温室气体,科学家们给予了重点研究。根据4亿年以来记录表明,气候的暖期一般对应于高CO_2浓度,而冷期或冰期

对应于低 CO_2 浓度。根据冰芯资料，在 1.1 万～8 千年前大气 CO_2 先降低约 7 ppm 以后上升 20 ppm，直到工业化开始。工业化前的 11 000 年间大气 CO_2 变化约比近 200 年小 5 倍以上。由于工业革命以来人类排放到大气层中的温室气体增多了，它就像玻璃一样，可以使来自太阳的短波辐射顺利通过到达地球表面，而对于来自地球表面的长波辐射却不肯放行，结果使被阻止在大气层内并且又被返回到地面的那部分地球长波辐射逐渐增加，进而使地球表面的加热增强。

根据世界气象组织采用由 28 个全球本底站（瓦里关中国大气本底基准观象台为其中之一）、410 个区域本底站和 81 个志愿观测站组成的全球大气观测网数据，发布的 2010 年度《温室气体公报》公报表明，自从 1750 年以来，大气中的 CO_2 已经增加了 39％。该公报还指出，近十年来，全球平均大气 CO_2 浓度大致以 2ppm/a 的数率增加。从 1958 年以来的高精度仪器的观测结果表明，大气中平均 55％ 的 CO_2 的增加来源于石化燃料燃烧的排放。

以上分析叙述，告诉我们一个事实，二氧化碳与气候变化有着深层的因果关系，不难确定，二氧化碳的温室效应导致了气候变化。

♦ 中国政府的庄严承诺

要想知道大气二氧化碳等温室气体状况，首先对温室气体本底状况进行连续观测，通过长序列观测的本底浓度资料，分析温室气体时空变化，在此基础上寻找温室气体和地球温度之间的规律关系，从而评估气候变化状况，预报气候变化趋势。不难看出，建立观测站，用专业化的观测采样技术观测温室气体是掌握、评估温室气体的前提。发达国家早在 20 世纪初就开始了大气温室气体的观测，为后来各国开展观测积累了经验。

中国是世界气象组织成员国，中国政府多次表明气候与气候变化问题的立场，并采取切实措施加强气候变化的研究与监测。20世纪80年代初，我国在世界气象组织的支持下，先后完成北京上甸子、浙江临安、黑龙江龙凤山三个区域本底观测站的建设。80年代中期中国气象部门联合有关国家和国际组织考虑建设全球观测站，中国政府作出了积极反应。1992年在日内瓦召开的世界气候变化与环境发展大会上国务院总理李鹏宣布："中国正在同世界气象组织、联合国开发计划署和联合国环境规划署合作，在青藏高原建立第一个内陆性的全球大气基准观测站，它的建成将有助于全球大气观测事业的发展，也将是中国对世界环境保护做出的重大贡献。"共和国总理的这一庄严承诺，表达了中国政府应对气候变化的坚定立场。随后，中国气象局等有关部门积极落实李鹏总理承诺，展开筹建全球大气本底观测站的工作。

在筹建中国大气本底基准观象台的过程中，全国政协有关部门、国家科学技术委员会、国家环保局、中国科学院、中国气象局、青海省人民政府等部门和机构，从各自的职能和权限支持中国大气本底基准观象台的建设。可谓举全国之力。中国政府兑现承诺是真诚而务实的，在青藏高原建设全球站动议之后，中国政府投资近2000万元开展了大规模基础建设，在瓦里关山顶开辟站址，修建实验室、观测场，还从大电网架设电力线，修通上山道路等，设立了6000多平方千米范围的环境保护区，规定保护区内严禁开采矿山、修建大型企业。当地政府多次放弃了多项冶炼项目，造成地方财政的重大损失。2010年开通通往玉树的航线，民航部门为此改变航线、绕道飞行。对于中国的表现、国际组织和国内外科学界均给予高度评价。

◆ 寻找温室气体本底

由于人类污染产生的温室气体随着气流飘散在大气中，因此，温室气体观测地点，必须是一处大气得到充分稀释，且具备代表性、可比性和稳定性的地点。美国第一个大气本底站建在太平洋上夏威夷岛一个山顶的死火山口，不仅远离城区，还比周边高出几百米。世界气象组织在全球建立了28个全球意义的大气本底站，都位于海岛、沙漠等边远无人区。中国地处地球上最大大陆——欧亚大陆东部，大陆内部大气污染的下游，因此，在中国建设大气本底观测站，具有立足本国服务全球的意义和功能。中国幅员辽阔，气候类型众多，为了建设中国第一个全球站，中国科学家通过多方论证反复筛选，最终看上了青藏高原这一块巨大高地。青藏高原，被称为地球"第三极"在全球地球系统中极为典型的单元，大气科学价值太明显了。单就气象过程而言，这里的空气氧气含量只有平原地区的70%，紫外线强、昼夜温差大，低温干旱和风雪一年四季周而复始。正因为如此，大气科学家把青藏高原看作为中国乃至全球气候变化的敏感区和先导区，在青藏高原上建设全球站的动议很快得到国内外科学界的一致赞同。

1987年中国气象局组织专家组到青藏高原及周边省区考察筛选，在经历一系列上下、国内国外的互动、谈判等程序，并经世界气象组织、联合国环境规划署及中国三方面批准，最后站址选在交通、电力等有一定保障的瓦里关山地区。各国科学家十分看好瓦里关山地区的地理位置和海拔高度，远离城市和人烟密集区，大气得到完全稀释，本底大气的代表性明显。随后，具体选址、环境评估、技术论证、基础设施建设、试验观测等前期工作陆续展开。瓦里关山这一昆仑山脉东段余脉、如此不起眼的山就这样成为全球大气科学家关注的地方，成为全球气候变化研究的科学基准。

♦ 耸立在3816米的气象高塔

如今中国大气本底基准观象台高高地耸立在瓦里关山顶，蓝天白云下，洁白的实验楼器，银光闪烁，80米梯度观测塔直插天空，云雾中时隐时现，实验室内各种仪器摆放整齐，数十个显示屏上跳跃着各种数码，一个高科技的野外观测站日夜不停地工作着。

中国大气本底基准观象台

1989年夏天本底观测在瓦里关山顶一间遗弃的土房里开始，目的是了解瓦里关地区大气环境和数据的代表性，在试验观测的同时，大规模正式业务化观测前的准备、筹建工作也在紧锣密鼓地进行。经过近六年的试观测和筹建，1994年9月17日在世界气象组织的见证下，包括温室气体在内的大气本底监测站正式投入运行。挂牌当天我国政府和世界气象组织分别在北京和日内瓦两地通过媒体同时宣布该站的建成。此后的十多年里，不断完善和充实，建立起了完整的技术、管理、运行的体系，形成了技术人才结构。

经过二十多年的努力，中国大气本底基准观象台形成了包括多种温室气体在内的大气本底成分浓度的在线观测数据、气体样品和颗粒物样品的监测技术。到目前，观测项目有温室气体、卤代气体、反应性气体、挥发性气体、痕量气体、放射性气体、气溶胶、黑碳、太阳辐射、颗粒物、降水化学和大气物理等30个项目，60多个要素进行全天候、高密度观测，每天产生6万多个数据，形成了覆盖主要大气成分的观测技术体系和技术系统。设备性能、仪器标定、仪器运行流程、操作方法、数据质量控制、数据传输等实现与国际接轨，其中温室气体在线观测数据，实时发往世界气象组织各数据中心，进入全球气候模式中模拟气候变化。

为了保证观测数据质量和可比性，样品气体的全球巡回比对和观测仪器的国际标定是重要的技术措施和环节。据统计，中国大气本底基准观象台仅2001—2003年就参与二氧化碳国际巡回8次，次次保证气体采集的稳定性，减少偏差。另外，世界气象组织设在瑞士的甲烷、地面臭氧等标定中心每两年定期派员来瓦里关标定观测仪器。

良好的监测环境是大气本底监测的又一重点，这一措施建站伊始就得到足够重视，建立了严格的环境保护，制定了严格的制度，不准抽烟、生活垃圾运至保护区之外，凡来人来车必须进行登记备注等，实验室内污染空气需用管道抽送到200米以外的山下等措施。

接近4000米的海拔，基本脱离了边界层大气，局地近地污染也基本不存在。随着国家生态保护行动的推进，瓦里关地区生态和大气质量远比二十世纪八九十年代好。2012年世界气象组织主席来到青海，登上瓦里关山，对瓦里关地区的环境现状，本底观测站的同志做了如下描述：

（1）建站初期瓦里关山下正在修建大型电站，上万人的施工队伍日夜不停地施工，炸山开炮，尘土污染十分严重；现在电站已经建成，工程施工早已停止，人员降到不足一百人，尘土污染基本消失。

（2）当时上风方拥有五万人的恰卜恰镇每家每户烧煤，烟雾笼罩着小镇，烟尘随气流飘到瓦里关山地区；现在无论家庭，还是机关、企业都用上水电和煤气等，烟尘大幅度减少，进入瓦里关的烟尘基本不存在。

（3）当年瓦里关山周边牧民饲养大量牛羊，漫山遍野；而今国家实行退牧还草，国家限制牧户牛羊数量，草原上的牛羊少了，地面植被得到保护，尘土扬不起来。

听了介绍后，主席久久望着远方的雪山，连连点头。旁边为牛羊多后产生甲烷气体而较劲的随行者也无话可说，主席一行对中国政府减少污染而做出的努力十分赞佩。

中国大气本底基准观象台的监测数据是海量的，工作人员一丝不苟的对待每一份数据，将所有数据按要求寄往世界气象组织各数据中心，供科学家分析应用。

◆ 空前的国际合作

中国第一个全球大气本底观测站的建设成为中国气象部门大规模国际合作的样板，建站初期安装调试仪器、布局技术路线、培训人员等方面各国工程技术人员密切合作，迅速形成了业务规模，为正式开展工作打下了基础。与此同时，中国大气本底基准观象台的建成立刻吸引了大批国内外科学家的目光，各种科学试验、采样等科研接二连三的展开。1988年根据中、美、世界气象组织在中国西部地区建立大气本底污染基准监测站合作计划的建议进行，打响了在瓦里关山上实施国际合作科学试验与研究的第一炮，紧接着美国海洋大气局气候监测诊断室的James Peterson博士到瓦里关采样，二十多年中，加拿大、德国、美国、法国、日本、澳大利亚、芬兰、瑞士等国家的专家在瓦里关山上开展科学研究实验。据不完全统计，20多年来国际合作科研项目达30多个，相应的国际性学术活动也起步。2005年7月，在青海省西宁市召开了"瓦里关本底观测国际学术会"，30多个国家的代表出席，在会议上有关专家宣读论文，交流科研成果，本次会议再度提升了中国在这个领域的国际地位，再次迎来了最新的技术、新方法、新理念的应用，对若干温室气体监测系统进行升级改造，进一步优化了监测技术，增强了全球大气研究中的基准地位。

二十多年来，多个国家的官员前来参观考察，有世界气象组织、联合国环境规划署的官员以及美国负责海洋国际环境与科技事务的助理国务卿、美国驻华大使科技官员、德国气象局局长等。加拿大环境部两任副部长两次前来考察，世界气象组织气溶胶观测专家、韩国、日本等国的业务主管等先后到瓦里关考察工作。2012年夏天世界气象组织主席登上瓦里关山，视察中国大气本底基准观象台。中国大气本底基准观象台成为我国大气科学对外交流的重要窗口和平台，中国气象局局长郑国光评价说"它为我国国际环境外交做出了贡献"。

世界气象组织主席戴维·格莱姆斯（David Grimes）（右一）亲临视察

一条缓慢上扬的大气二氧化碳曲线

二氧化碳被认为是大气最重要的温室气体，一方面是因为它在大气中的含量相对较多，另一方面是因为它在大气中的浓度增长速率相对较快。科学家认为，二氧化碳和温度之间有两种关系，一是由于二氧化碳浓度变化引起温度变化，二是温度发生变化后通过碳循环响应影响二氧化碳浓度。因此，二氧化碳的观测是本地监测的重中之重，目前，在中国大气本底基准观象台有多台二氧化碳观测系统在工作，并建有严格的数据质量控制体系。在国内外科学家的共同合作下，绘制出了1995—2015年二氧化碳变化曲线。呈现在世人面前的，是一条逐年上扬的曲线（图30），表明地球二氧化碳确实在不断增加。2014年春季，这个数值达到400 ppm，此现象由美国夏威夷莫纳罗亚天文台观测数据所呼应，说明我们观测的数据与世界其他地区观测数据相同，同时证明陆地和海洋的二氧化碳的变化一致，具有全球意义。这条曲线图对于我国的价值，在于我国政府在历届世界气候大会以及各类国际性气候变化谈判上均有可应用的重要数据，我国谈判人员在各种场合可以理直气壮地表明气候变化观点，这些都源于我们有自己观测的二氧化碳曲线及相关数据。

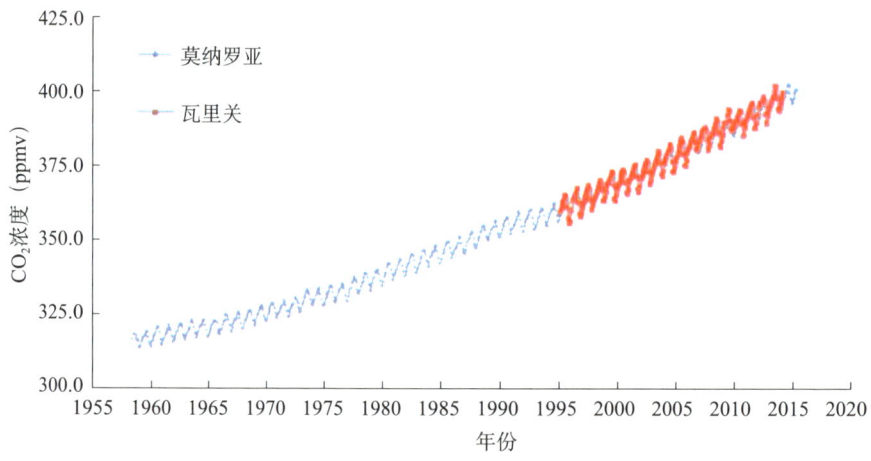

图30　二氧化碳时间序列图

中国大气本底基准观象台观测的温室气体观测资料，也是《联合国气候变化框架公约》的数据支撑，其结论具有非常重要的政策指示作用，因此，我们的观测工作为全球气候变化形成共识和我国在世界气候变化谈判中拥有话语权做出了贡献。目前，该曲线图也是联合国气候变化框架公约的支撑数据，具有非常重要的政策指示作用，还可以作为评估人为温室气体排放量和浓度的参照值和比对值，在测算和控制人为排放方面具有参考价值。

◆ 多学科数据支撑

经过 20 多年的观测，各大气成分要素均有了清晰的时间序列，成为科学家分析研究的重要基础资料，随着科研的深入，分析研究从大气过程本身延伸到生态、环境等多学科，成为综合论证气候变化的重要科研结论。

中国大气本底基准观象台的监测是多种手段并举，大气气体样品采集便是其中之一，大气样品采样有两方面的目的：一是即采即分析，将实时采集的样品气体分别寄往位于北京的中国气象科学研究院大气成分分析室和美国海洋大气局气候监测与诊断实验室，用于实时分析研究，另一种是建立"样品气体库"，每两月采集两罐气体进行高压储存，用于未来若干年、甚至更远的未来研究大气历史。在科学家的眼里，瓦里关的空气、水、土壤都有着极其重要的科学价值，国内多个科研机构在瓦里关地区采集水样、土壤样品、空气样品，瓦里关的科学基准作用延伸到了其他学科，具有权威的大气成分观测大数据，为各学科的研究提供了可靠的大气本底背景。2011 年我国环保部门在瓦里关架设了反辐射性气体观测仪，将该点作为大陆内部反射性物质变化的本底值，中国大气本底基准观象台是我国地学界的共用平台。大气本底值不仅在气候变化中有着基准作用，在大气污染的研究、评估中也有着重要意义，中国大气本底基准观象台所检测的颗粒物、黑碳、对流层臭氧、气态汞等在大气本底状态的浓度、时空分布、来源等方面都得到分析研究，为大气污染研究和防治中提供了一定的参考依据。据统计，应用瓦里关资料发表在国内外刊物的论文达 180 多篇，大部分论文成为 IPCC 专家关注和应用的重要文章。

中国大气本底基准观象台的贡献是多方面的。2004 年 4 月第一次用仪器观测到了青藏高原"臭氧洞"，引起大气学界的高度关注。这一发现通过美国臭氧监测卫星资料，得到验证。同时这一发现进一步证明了科学家在南极发现"臭氧洞"之后对青藏高原可能会出现"臭氧洞"的预测，为保护大气臭氧层提供了科学依据。

云端人生

中国大气本底基准观象台是一支不足二十人的专业团队，这支团队二十多年如一日，默默坚守在瓦里关山顶，为大气本底变化测温把脉，用职业的担当和责任，书写着中国人对全球气候科学的奉献。

位于海拔近 4000 米高度的大气摆脱了人类影响，大气的各种化学成分得到充分稀释，大气成分的代表性和稳定性最为典型，是开展大气本底观测的理想的地点，而同时，也是气候和环境十分恶劣的地方。一处孤立的山，最近的城镇在 30 千米之外，恶劣的气候环境、艰苦的生活条件、繁重的观测任务是中国大气本底基准观象台值班人员每天所面对的现实，寂寞单调的环境如挥之不去的幽灵，时刻笼罩着他们，面对困难和艰苦的环境，他们以责任和乐观的精神、团结一致，克服困难，年复一年日复一日坚守在工作岗位上，甘于寂寞、自信自立和不怕艰苦，努力奉献。

几位老同志，从建站开始在瓦里关工作，现在都已超过 50 岁，尽管高原病缠身、行动不便，工作气喘吁吁，吃不下饭、睡不着觉，但仍然坚守在岗位上，从不提离队的要求，因为在他们的内心深处，离不开这熟悉的瓦里关山和为之开创和奋斗的大气本底观测事业。工作人员上山工作 10 天，除繁重的观测、制作高压气、装卸样品气，还要自己动手做饭、清扫卫生。80 米梯度观测塔，不管冬夏，无论刮风下雨都要爬上爬下、维护保养、清理结冰。黄建青，这位已 53 岁的老同志是本底台的多面手，既是观测员、专业压气员，也是电工、水暖工，凡山上停电、水气跑漏都由他来抢修。即使下山休息了，山上出现问题，他也会立刻奔向瓦里关山查故障、抢修，直到恢复运行为止。已故司机王青川，一本行车记录本，密密麻麻地记录着他上瓦里关山的次数，20 年上山 1326 次，艰苦的工作环境使其患上不治之症，59 岁便离开人世。

一位颇有文采的观测员写了一篇饱含深情的文章，以此表达他和他的同事们在瓦里关山上工作生活的情景："有人问我，瓦里关在哪里，我说在云端里。一点都不夸张，瓦里关山一年四季大多数天被云雾覆盖，我们的实验室、我们的生活区就在云里。我们带足食品、饮用水，背上行囊缓慢行走在上山的道路，而道路的尽头，是完全被云雾笼罩的我们的实验室，我们那间温暖的居室。"

由于中国大气本底基准观象台科技人员具有高寒地区工作生活能力和娴熟的业务技能，自 90 年代初开始多次派员参加国家南极科学考察，承担南极温室气体、臭氧层和大气观测任务，受到用户单位和考察队好评。

在实验楼接待室里存放着厚厚的五六本留言本，记录着 20 多年来国内外专家学者、各级官员的题词留言，每个留言均充满了赞美之词，高度评价了本底台工作人员的精神和作出的贡献。

国家气候变化专家委员会主任委员、原中国工程院副院长杜祥琬院士，这位中国气候变化科学的掌门人，时刻挂念着远在青藏高原的这一观测站。2012 年夏天这位年过七旬的老科学家登上瓦里关山，在仔细看、认真听汇报之后，在这云端里的观测站待了数小时，临走时在留言簿上写下了这样的话："可敬的瓦里关基准观测站精神高于天，全球享贡献。"回到北京后在媒体上撰文说道："他们终年坚守在这山巅，耐得住艰辛和孤寂，他们进行气象观测，一丝不苟，使中国对大气研究的贡献，享誉全球。"

2015年5月23日，中国科协第十七届年会在广州召开，在三千多名来自全国各地科技工作者的目视下，中国大气本底基准观象台被授予"周光召基金"气象科学奖。

乔林
说重大气象保障服务

走近乔林

在北京市气象局，只要有天气过程出现，他总会在天气会商室和预报员一起分析天气形势。每逢北京市重大活动，他永远枕戈待旦，坚守在气象服务保障的最前线。他就是北京市气象台台长乔林。

◆ 2008 年奥运会气象服务保障的亲历者

早在 2008 年北京奥运会，乔林就直接参与北京重大活动气象服务保障。当时还在中央气象台担任首席预报员的他，在这场伟大盛事开始前，就进驻北京奥运气象服务中心，参与保障工作。

奥运赛事期间正值北京主汛期，雷雨频繁。期间，天气预报要求做到定点、定时、定量。尤其是开幕式期间的天气，影响到开幕式的顺利进行，是对气象保障的集中考验。

回忆起开幕式的保障，乔林用惊心动魄来形容，"在开幕式的前一周、前三天、甚至前一天，影响北京的天气系统都不甚明朗，西北云系、副高边缘的暖湿气流、台风等都有可能影响开幕式当天的天气。是晴是雨以及下多大雨、什么时候下，对于向天空开放的鸟巢来说，都是严峻的考验。除了降雨、高温、风、雾等，每一个微妙的天气变化，都有可能使开幕式效果受到影响。"

随着开幕式日益临近,中央气象台、北京市气象台连续进行多次加密会商。每日7时20分、8时、8时30分、9时20分、15时20分,会商室里都能听到乔林表述最新预报结论时稳健沉着的声音。

在乔林与北京市气象局首席预报员孙继松等人的正确研判下,同时采取了有效的人工消云减雨,最终开幕式期间,"鸟巢"没有出现一滴雨。

"天气预报是大家共同讨论、分析的结果,我只是其中的一分子。"说起那场成功的奥运会开幕式气象服务,乔林谦虚地说。

♦ 从容转身 不忘初心

在经历过"神舟六号"飞船升空、2008年北京奥运会、新中国成立60周年庆典活动、南方冰冻灾害等重大气象保障后,2010年,乔林凭借深厚的预报技术和丰富的预报经验,被调到北京市气象台担任台长。

担任台长后,乔林以超强的责任心,成为北京天气预报业务的"总舵手"。近年来,他带领气象台职工不断提高预报准确率、提供周到决策气象服务、创新预警工作机制,使北京天气预报业务一步步走上新的台阶。

与此同时,"预报员"的身份一直在身。对每一次天气过程,他都是与预报员一起分析天气,与大家共同商榷、研讨。

2012年12月,乔林由于在第四届全国气象行业职业技能竞赛暨第二届全国气象行业天气预报技能竞赛中获得优秀成绩,被授予"全国技术能手"荣誉称号。2014年他成为享受政府特殊津贴的专家之一。2015年他被授予北京市先进工作者荣誉称号。

荣誉接踵而至的背后,是乔林那一份不忘初心的坚定。

♦ 天气预报"明星"发言人

乔林还有一个重要的身份,那就是北京市气象局新闻发言人。

在 APEC 会议、"9·3"阅兵、世界田径锦标赛等重大活动保障以及日常生活中，乔林多次成为天气预报与公众的"桥梁"。

在 2015 年 9 月 2 日晚 10 时，"9·3"阅兵前夕，乔林与《东方时空》栏目的主持人白岩松进行了电话连线，通过中央电视台详细介绍了 9 月 3 日纪念活动期间的天气，并提醒公众要注意高温防暑和防紫外线。

而在当天早前 18 时 30 分，乔林已通过中国气象频道直播介绍了 9 月 2 日夜间到 3 日上午的天气情况。

面对一次次媒体采访，乔林用他一贯沉着、自信的语调回应着传媒人的每一个问题，同时向世人展示出气象人保障重大活动顺利进行的实力和底气。

日常生活中，他也不遗余力地向公众传播气象知识。在他的个人微博"气象桥"中，既能看到最新的天气预报预警，又有知识含量十足的气象科普，还不时出现与网友的趣味互动。2014 年，市外宣办评价乔林以其微博案例为基础，不做"僵尸"也不作秀，主要传播气象知识和正能量。

有人说，在乔林身上，可以找到预报员、科学家、新闻发言人、翻译员等多重角色。而在他看来，这些角色并无二致，"气象人是我永恒的身份。"谈起工作，乔林眼神坚定又深邃。

把握机遇谋发展　服务盛事创辉煌

如果有人问北京气象工作与其他省市有何区别？那么丰富的重大活动气象服务保障需求和成功经验一定是其耀眼的特色。

纵观历史，从最初 1990 年的第十一届亚洲运动会、1995 年联合国第四次世界妇女大会，到 2008 年北京奥运会，再到 2015 年中国人民抗日战争暨世界反法西斯战争胜利 70 周年纪念活动（以下简称"纪念活动"），北京的气象工作者始终把握历史契机,凝心聚力、迎难而上为各项"盛事"提供着精准细致的气象服务保障。

坚定的信心、丰富的实战经验,让北京市气象局在重大活动气象服务保障这条道路上的步伐日趋稳健,从而也有力推动了北京气象事业的科学发展。

◆ 精细化服务理念贯穿始终

2015年9月3日,在蓝天的映衬下,北京天安门广场前的阅兵方阵整齐划一、气势恢宏。这份精彩,与纪念活动气象服务保障的精准细致密不可分。准确预报研判、现场气象服务、人影作业保障……无不体现出气象服务保障的精细化服务理念。

2015年纪念活动保障期间,气象服务人员在天安门现场检查服务设备

当日,北京地区碧空如洗。如预报一样,温度成为影响观礼的关键因素。为此,市气象局提前做了一个对比实验,经测试在长时间太阳照射下,座椅比气温大约高12℃。并将此情况及时报告上级单位,提醒做好防暑降温措施。在确定观礼台服务包内物品清单时,活动保障组贴心准备了遮阳帽和扇子。

决策服务精细到位的同时,市气象服务中心也在第一时间通过"气象北京"微博、微信提醒市民做好防晒措施,开展公众气象服务。

值得一提的是,纪念活动准备期间正值汛期,同时又与世界田径锦标赛时间重叠。然而,连续面对多项保障任务,北京气象服务保障团队并没有应接不暇,各项精细、专业的气象服务都在井然有序的开展着。

世界田径锦标赛赛事期间恰逢"三伏",北京市气象局使用黑球湿球温度观测仪,为参赛的运动员和工作人员提供专业的医疗气象服务,展示暑热指数风险提示,并将观测数据及时提交给国际田联医疗部。

2015年8月22日世界田径锦标赛开幕式期间,气象服务人员在鸟巢观测黑球湿球温度

在2014年APEC活动11月10日焰火晚会中,白天持续的偏东北风向将对坐在西面看台欣赏焰火的参会各国领导人产生不利影响,因此,

捕捉风的轨迹成为气象部门服务的首要任务。

为确保及时调整方案,坚守在活动现场的气象服务小组,每半小时为 APCE 焰火分指挥部提供一次实时气象数据,并提前预报"活动期间,活动现场 2 级左右西南风"。指挥部据此建议,及时将现场 9 台鼓风机出风方向由北调为东北方向。

2014 年 11 月 10 日晚气象工作人员在 APEC 会议焰火表演现场进行服务

当晚,西南风果真掌管了鸟巢上空,焰火表演如期开始,袅袅微烟向东北方向飘去,美轮美奂的 APEC 焰火《自然颂》在奥林匹克上空完美"上映",实现"气象与精彩完美有机结合。"

精彩源于传承。在 2008 年北京奥运会中,精细化的气象服务就早已在世人面前惊艳"亮相"。

开幕式保障准备时期,广大气象干部职工提前进入赛事服务状态,秉承"更高、更快、更强"的奥林匹克精神,加强观测、加密会商、准确预报、周到服务,并在奥运会历史上首次成功进行了人工消雨,以一流的工作和良好的状态,为开幕式这场全球关注的视觉盛宴提供了"有特色、高水平"的气象服务保障。

2008年8月8月奥运开幕式期间，市气象局领导与业务人员坚守服务一线

而这背后，是气象人敢于担当，攻坚克难，"七年磨一剑"只为"精细"的态度。

如今，年均为30余场重大活动提供高标准、有特色、精细化的服务保障，已成为北京市气象局的一项常态化业务。在多次重大活动的锤炼下，建立完善大型活动部门协同、军地协作、区域联动气象服务机制，制定《大型活动气象服务指南工作流程》行业标准。首都大型活动气象服务已成为全国"标杆"。

◆ 周密部署部门联动上下一盘棋

纪念活动由于其重大的历史意义，气象服务保障工作受到了空前的关注，也得到了最强有力的组织领导。保障期间，中央领导高度关注人影工作进展，多次作出指示。

在党中央、国务院的部署下，中国人民解放军总参谋部牵头首次成立纪念大会人工影响天气军地协调小组,首次成立纪念活动人工影响天气军地联合指挥中心,首次建立京津冀一体化地面指挥体系。总参直属机关、空军部队、公安部门、武警部队、民航部门、中国气象局、北京市委市政府协同作战。

"军地多部门整合资源,大家拧成一股绳儿,心往一处想,劲儿往一处使。"市气象局局长姚学祥表示,"部队、气象、公安、武警以及北京、天津、河北、山西、内蒙古、辽宁等省(自治区、直辖市)的力量形成了空地立体消云减雨网络。"强大的领导机制下,纪念活动保障过程中建立了新中国成立以来最大规模、跨领域、跨部门、跨区域的人工影响天气作业队伍。

2015年纪念活动保障期间,人影作业人员讨论作业细节

期间,中国气象局始终加强领导,严密部署,调动各方力量,指导北京市气象局做好纪念活动前期演练气象保障。

不仅仅是纪念活动,世园会、APEC、世界田径锦标赛……每一项重大活动中,高效的组织领导、严密的周密部署、精心的协同作战都成为气象服务保障"决胜"的关键因素。

20世纪80年代以来，北京亚运会、世界妇女大会、新中国成立50周年庆典活动等首都重大活动中，市气象局、中央气象台就与在京军队、民航系统启动联合会商，共同"问诊"天气。

2008年奥运气象服务更是在中国气象局的领导支持下，完美收官，获得经奥运主办方调查得出的93.1%公众满意度。

早在2007年奥运气象服务演练时，中国气象局局长郑国光就多次组织召开奥运气象服务领导小组会，总结经验梳理存在的问题。之后，郑国光不停奔波于中央气象台、北京奥运气象服务中心、国家卫星气象中心、国家气象信息中心、国家气象探测中心、人工影响天气中心等业务单位，始终与气象工作者共同奋战在奥运气象服务的第一线。

在中国气象局的有力调度下，2008年奥运保障期间，中国气象卫星家族成员齐上阵，与北京周边多部雷达、百余个自动气象监测站一起擦亮"眼睛"，探测风云变幻。

同一时间，首都气象部门和科研院所紧密合作，进行奥运气象保障技术攻关，取得丰硕成果，发展了精细化预报技术。

历次重大活动气象服务保障过程中，北京市气象局向来不是"单枪匹马"，来自国家级气象业务单位和周边兄弟气象部门的支持和协作，让气象服务保障之路更加顺畅。"举全部门之力，集精干专家之智，气象保障服务没有理由做不好。"

◆ 气象现代化成果传承创新

重大活动给北京气象工作带来挑战的同时，也进一步助推了北京气象事业的进步。各种新模式、新技术、新平台、新产品在活动保障中发挥支撑作用后，在传承中不断创新，最终成为北京气象业务运行的重要"利器"。

在北京天气预报员的电脑上，短时临近交互预报预警业务平台（VIPS）的界面一定是实时更新显示的。

"2007年起，短时临近预报预警业务不断拓展。为了实现产品快速制作和分发，VIPS应运而生。"市气象台台长乔林说，"业务要求越来越高，所依托的系统平台也是不断推陈出新，VIPS从最初的桌面系统升级到了网页版，满足了市区两级业务需求，到现在已成为北京地区分区预警业务的重要工作平台。"由于其强大的资料整合显示和预警发布功能，VIPS已被天津、河北、山西、辽宁等地气象部门引进推广。

2016年汛期，基于多源观测及多系统产品融合技术、复杂地形模式订正技术和动力降尺度技术的快速更新多尺度分析和预报系统之集成子系统（RMAPS-IN）正式投入业务应用。该系统可提供京津冀地区1千米空间分辨率、10分钟更新循环的网格化三维气象要素客观分析预报产品，并生成未来0~12小时地面要素及降水的集成预报产品。

在2015年世界田径锦标赛、纪念活动等重大活动气象服务保障中，处于试运行阶段的RMAPS-IN发挥了关键作用。

8月22日世界田径锦标赛开幕当天，RMAPS-IN准确预报出中午北京东北部出现的强对流天气。同时，临近预报结果显示，东北部的强对流不会影响在鸟巢举办的世界田径锦标赛开幕式活动。其精细化预报产品在2016年汛期"7·20"特大暴雨等降雨过程中多次经受住考验。

除预报准确率的提升外，重大活动也成功检验了北京人影作业技术的水平。

从2002年奥运气象保障筹备开始，北京市气象部门就着手开展奥运会开闭幕式人工消减雨研究，科学设计了人工消云减雨的三道防线，进行了多次试验和演练。

在2008年8月8日开幕式当天，气象部门进行了高强度的人工影响天气作业，北京等地21个火箭作业点发射了千余枚火箭，"鸟巢"西南方雷雨云的云体被打散，两度成功化解了"鸟巢"上空可能出现的降水。

闭幕式保障时，北京房山、石景山、丰台、海淀五棵松等地，均出现雷阵雨天气，降雨再度逼近"鸟巢"。高强度的人影作业又一次交上满意的答卷，整个闭幕式"鸟巢"未下一滴雨。

2015年的纪念活动气象服务保障中，人影作业更是成为纪念活动气象服务保障决胜的关键武器。

保障期间，市气象局完成了技术攻关，首次使用湿空气干燥剂在云上进行单机跟进消云作业；首次启用"空中国王"飞机，在作业前提前3小时进入云层获取数据、拍摄云粒子照片，第一时间通过机载数传电台将探测信息回传给地面指挥中心，开展双机联合作业保障作业效果。

在重大活动气象保障的牵引带动下，北京气象观测系统日趋完善、预报准确率稳步提升、关键科技攻关已显成效，气象现代化成果在传承中不断创新，在创新中不断发展。

放眼未来，北京市多项重大活动让人应接不暇。2019年中国北京世界园艺博览会、2022年北京—张家口冬季奥林匹克运动会等，都是一场场硬仗。冬奥会申办成功后，姚学祥表示："通过历次重大活动，我们积累了丰富的气象服务保障经验，并打造起一支强有力的服务团队。面对未来的挑战，北京气象工作者有底气、有信心、有能力完成光荣使命。"

纪念活动气象服务保障

2015年9月3日上午，长安街沿线，高亢嘹亮的检阅号角响起，红旗牌检阅车驶出天安门，习近平主席站在检阅车中央向着受阅部队驶去。中国人民抗日战争暨世界反法西斯战争胜利70周年纪念活动（以下简称"纪念活动"）隆重举行，吸引全世界的目光。

蓝天白云成为当天活动那个最亮丽的"底色"，而这精彩的背后，是气象工作者不断提升气象预报预警能力，完善服务手段，丰富服务产品，担起的幕后"智囊团"。

◆ 多方领导周密部署指导

"获得纪念活动气象服务保障先进集体有：北京市气象局……"2015年9月18日，纪念活动北京市服务保障工作总结表彰大会在北京会议中心举行。中共中央政治局委员，北京市委书记郭金龙亲自为北京市气象局颁发奖牌。

此次纪念活动中，北京市气象局作为北京市纪念活动领导小组阅兵服务保障组和大气污染防治与气象保障组成员，后经中央纪念活动领导小组批准，总参牵头、北京市配合成立了纪念大会人工影响天气军地协调领导小组。在此基础上，在天安门城楼指挥部下设立气象保障组，承担气象监测、预报预警、人工消云减雨、空气污染气象条件预报、设施防雷咨询等气象保障主要工作。严密的组织领导、完善的指挥机制、高效的全盘统筹是助力气象服务保障工作成功关键因素。

在纪念活动筹备过程中，习近平总书记高度重视纪念活动气象服务保障和人影工作，要求纪念活动领导小组认真做好相关工作。刘云山、张高丽、范长龙、许其亮、栗战书、郭金龙等中央领导多次作出指示批示，亲自审阅、签发人影作业方案、计划。

中共中央政治局常委、国务院副总理张高丽亲赴中国气象局，检查指导纪念活动气象服务保障工作，并听取了北京市气象局局长姚学祥关于人影作业情况的汇报。他要求，"坚持底线思维，做好各种预案，根据天气变化，采取有效措施，军地各单位要团结一心、目标一致、联防联控，实现人努力、天帮忙。"

中国人民解放军总参谋长房峰辉上将亲临北京市人工影响天气指挥中心视察、指导并出席纪念大会人影军地协调领导小组第四次会议，指出做好纪念活动的关键是气象、安保、现场转播。其中，气象最不好预测，且责任重大，气象部门一定要进一步了解人影作业经验和规律，积累军地联合作战经验，全力以赴打赢气象保障这一仗。"

中国人民解放军副总参谋长戚建国是纪念大会人工影响天气军地协调领导小组的组长，也多次到北京市气象局指导工作。"军地各级指挥员、指挥机构和全体作业人员，务必坚定决战决胜的信心，打好这场举世瞩目、举国关注的关键战役。"

如果说党中央、国务院的要求为气象服务保障指明了努力方向，那么北京市政府和中国气象局的周密部署则为这项工作的前进提供了有力支持。

中共中央政治局委员、北京市委书记郭金龙反复对纪念活动天气预报等气象服务提出要求，加强对天气气候形势的研判，提高气象预报预测的精细化水平。

"要密切关注天气变化，掌握天气预报规律，把可能出现的问题考虑得更复杂点、更细致。"北京市市长王安顺提出要求，并衷心感谢部队、中国气象局及各有关部门对北京市给予的大力支持。

中国气象局局长郑国光多次赴市气象局，要求气象部门把纪念活动人影工作作为重要政治任务进行再动员再部署再落实。而担任纪念活动军地领导小组副组长的中国气象局副局长矫梅燕，与同为副组长的北京市副市长林克庆不仅多次对人影工作进行部署，还与全体作业人员并肩作战，业务平台前，总能看到他们与人影工作者夜以继日共同"作战"的身影。

此外，中国气象局副局长许小峰、宇如聪、沈晓农、于新文等领导也多次对纪念活动气象服务保障提出要求。

因为有了多方领导的周密部署和高效的全盘统筹，为纪念活动气象服务保障的圆满完成奠定了坚实基础。

◆ 现代化科技把脉风云变幻

为了提供完美的气象服务保障,预报模式升级、加密气象观测、人影作业等工作便成为北京市气象局成功保障纪念活动的关键,精细业务和创新科技全方位把脉风云变幻。

在纪念活动开始前数月,北京市气象局布下一张紧密而有序的天罗地网,从地面到空中再到太空相结合的立体观测网络正是气象部门得以准确捕捉天气形势、精准预测天气变化的强大支撑。

地面观测是整个观测网络的基础部分,也投入了最多最强的力量。174个国家级气象观测站,每3小时进行一次人工的云量、云高、能见度、天气现象观测,从9月2日8时持续到9月3日12时,横跨京津冀三地的应急加密观测。

针对服务需求,结合活动期间天气特点,北京市气象局调集中国气象局、中科院大气所、中国兵器、中国航天二院和有关省区市气象局的9部边界层风廓线雷达、9部天气雷达、4台微波辐射计、80部GNSS/NET(全球卫星导航系统气象观测)水汽观测站星罗棋布,覆盖了京津冀地区的各个角落。此外,"风云二号"F星的加密观测,将观测频率提升到了每6分钟一次。这些气象部门一流的观测装备悉数亮相。

针对阅兵气象保障服务的定点、定时、定量预报的高要求,北京市气象局在"0至12小时短时临近预报准确率提升工程"核心系统RMAPS(快速更新多尺度分析和预报系统)的框架下,发展了1小时快速循环更新短时数值预报子系统(RMAPS-ST的2.0beta版),实现雷达、自动站等资料的快速同化。该系统逐小时更新未来15小时的预报,数值模拟和产品制作时间平均为1小时。同时,为了向预报员提供观测、预报的融合分析产品,RMAPS集成系统(RMAPS-IN)也在纪念活动提前3个月上线运行。该系统可以为预报员提供逐10分钟更新、1千米分辨率的实况分析及逐小时更新的未来 12 小时短时临近预报。目前，RMAPS-IN 正在实际业务应用中发挥着重要作用。

京津冀环境气象数值预报系统提升预报时效，提供 15 分钟间隔的应急扩散产品、10 天时效逐 3 小时间隔的环境气象预报产品，为纪念活动大气污染防治采取措施提供科学支撑。充分参考国内外各种中长期数值预报系统，提前 45 天预测纪念活动期间天气过程、提前 15 天预报 9 月 3 日天气。

在诸多影响纪念活动的气象要素中，风、云和能见度无疑有着巨大的影响，同时也最"变幻莫测"。北京市气象局开展天安门地区能见度、低空风、低云、高温、高湿、紫外线等定点预报技术研究，编制专项天气预报服务手册和环境气象预报服务手册。

人工影响天气是纪念活动气象服务保障重头戏，虽然纪念活动当天晴空万里，但在前期的预演中，北京市气象局均开展了人工消云减雨作业，最大限度地将降雨成功地拦截外围地区。

准确的天气预报是制定人影作业方案、科学布局空中地面作业力量的重要依据。纪念活动期间，北京市气象局的"空中国王"飞机直接飞入云中进行云的情况探测。据悉，每次作业前，"空中国王"飞机都会提前 3 小时进入云层获取数据、拍摄云粒子照片，并第一时间通过机载数传电台将探测信息回传给军地人影指挥中心。有了实况数据的保障，两架飞机同时进入云层播撒催化剂，联合作业。实战证明，双机联合作业效果大为明显。同时天津、河北、山西、内蒙古、辽宁 5 省市不遗余力，与北京联合作业拦截外围云系。

有了实时的气象数据、准确地预报信息，还要保障信息的传输顺利。北京市气象局实现和国家级信息网络的三路备份、高性能计算资源的双向备份、视频会商系统的分级保障。期间，各类信息和加密观测资料快速达到预报员桌面、数值模式运行稳定、视频会商组织顺畅。9 月 2 日 15：00 到 3 日 12：00，中央气象台、北京市气象台和现场应急指挥车全程多路视频连线。

◆ 精细化服务为祖国献礼

"只要回想起纪念活动的场景,就特别为咱们气象工作者付出的一切辛苦和努力感到自豪!"这个言语中无法掩藏那份骄傲与荣耀的人是北京城市气象研究所正研级高级工程师李青春。

李青春平时从事气象科研工作,因工作需要,曾经在2008年北京奥运会和残奥会期间被派往北京奥组委开闭幕式部、2009年国庆60周年庆祝活动期间被派驻北京市筹委会调度中心,负责现场气象保障工作。纪念活动期间,李青春再次被选派为现场服务人员,到北京市纪念活动综合保障总指挥中心进行服务,并在北京市气象局巡视员刘燕辉的指导下,查看在线监测数据、接收加密预报传真、向市总指挥部汇报最新天气情况。

和李青春一样的还有北京市气象台副台长时少英带领的保障小分队,在天安门外场提供气象服务保障,为北京市气象局提供的第一手的天气实况。"应急监测车传回的温度、湿度、风力、风速等数据,是气象部门适时掌握天安门地区天气实况的重要补充"时少英说。

从预演到最后实战,李青春和时少英等气象保障人员多次驻守现场,只为让天安门地区的预报服务再精细些。与他们"并肩战斗"的是坐镇在北京市气象局的领导和气象保障人员。

纪念活动保障期间,北京市气象局局长姚学祥、副局长曲晓波在北京市气象局天气会商室通过视频定时向市总指挥部汇报纪念活动气象保障服务情况,包括最新天气实况、最新预报结论、现场服务情况……气象保障组力争做好纪念活动的天气"传声筒"。北京市副市长林克庆、中国气象局副局长矫梅燕和北京市政府副秘书长赵根武在上述演练和活动期间坐镇指挥,与气象预报服务人员和人工影响天气工作者一道投入工作。

加密会商是纪念活动期间的重要工作之一,北京市气象局邀请中国气象局、中国科学院、北京大学、南京大学、总参气象水文局、天津市气象局、河北省气象局、山西省气象局、空军气象中心、北京军区气象中心等16家气象单位40位专家组成预报预测专家组、人工影响天气专家组,共同"把脉"天气,加密会商研判,提供人工消云减雨技术支持。截至纪念活动结束,北京市气象局与在京军地16家气象单位联合开展专家专题会商共28次,收到气象保障预报预测专家组意见共119份。"部门联动、相互支持是我们常态化的工作机制。"北京市气象台台长乔林表示。

会商的内容将详细记录在纪念活动气象服务专报中,除了天气趋势展望,还由京津冀环境气象中心提供雾、霾和能见度预报。从8月18日开始,环境气象中心联合北京市环保局,共同发布重大活动空气质量专报,重点针对纪念活动期间空气质量等级、能见度和首要污染物等进行预报。在纪念活动开始的前两天,"空气质量为优"的结论让气象保障的全体人员稍微松了一口气,但随即又面临一个新的问题——"防晒"。

北京市气象台立即向北京市委、市政府报送相关服务材料,提醒相关保障组提前做好防暑降温的准备,并第一时间向公众进行提示。

为强化城市安全运行管理做好保障,为电力、交通等行业部门科学决策提供服务,也是气象部门的重要职责。9月1日至5日,北京全市开启景观照明,其中2日至3日,全市景观照明设施按照重大节日级别开启,用电压力陡增。"我们加强与电力公司的联络,强化对重点用电区域、重点电路沿线天气形势的分析和提醒。"北京市气象服务中心主任郭文利介绍。此外,该中心还随时关注天气变化对排水、交通等领域可能产生的影响,确保纪念活动期间的城市安全运行工作平稳进行。

北京市气象局还承担纪念活动防雷安全等相关工作,积极协调管委会及建设施工单位,克服现场戒严、进场等待的困难,在规定时间内圆满完成东西两块大屏的防雷与接地检测任务。

作为承担阅兵村气象服务保障的昌平区气象局，针对性提供当地不同下垫面（柏油路面、水泥路面、草地路面）裸露空气下的舒适度和中暑指数等专项预报，前往部队参与阅兵保障专家组天气会商，为南口地区和阅兵机场提供 0～72 小时精细化气象要素预报。通州区气象局也与总参陆航部通州机场对接，实现气象监测信息的共享和服务有效对接。

蓝天白云下，纪念活动圆满结束，同时，气象服务保障也接受了"检阅"，交出满意答卷。气象部门将以更加精彩的气象服务，从容迎接未来的每一次考验。

赵海军
说天气预报技能

走近赵海军

在 2016 年 1 月举行的全国第五届气象行业天气预报职业技能竞赛中，赵海军获个人全能一等奖，被授予"全国五一劳动奖章"和"全国技术能手"称号。

1984 年出生于内蒙古呼和浩特市土默特左旗，2001—2005 年在南京信息工程大学大气科学专业就读，现任山东省临沂市气象台总工程师。

2005 年 6 月，从南京信息工程大学毕业后，他在江苏省灌南县气象局工作了三年半的时间。基层工作忙碌又繁杂，做预报、观测、财务、服务和保障。他很庆幸在工作的第一站遇到一个善良的亦父亦友的领导——灌南县气象局张永军局长，教会了赵海军很多做人做事的道理，这段县局"多面手"的工作经历让他受益匪浅。

在承担多个工作任务的同时，在第一次独立值班，就遭遇了一次强对流天气过程，冰雹、24 米/秒的大风和短时强降水同时袭来，赵海军一下子就慌张了起来。最终在老前辈的指导和帮助下，及时准确地对外发布了强对流天气预警信息。事后，收到专业服务用户的表扬，而正是这次突如其来的强对流天气的准确预警和服务，让他切实感受到了天气预报对社会生产生活的重要意义和价值，一下就对天气预报产生了强烈的兴趣，自然而然地脑子里天天想着天气。然后当预报不够准确时，会有很强烈的挫折感，只能调整心态总结原因，在正确与错误的对比分析中总结经验、吸取教训，逐渐地建立更广阔的思路，值班越多，学习越多，能够准确及时作出预报预警的可能性就越大。随着社会的发展，人类生活生产导致全球变暖，极端天气频发，如果停滞不前、不思进取，很容易导致预报失败，因此，预报员必须坚持学习、不断钻研、学习新方法新技术，对重大天气过程要及时总结。

如何练就天气预报硬本领

在工作学习中要不断培养兴趣爱好，注重平时积累，要肯下功夫，勤思考，多讨论。由于大学时期学习不够认真，许多知识并没有理解透，更缺乏实战经验。在工作时感觉到了巨大的压力，我坚信勤能补拙，坚持每天都看天气图，认真地分析天气形势和物理量参数，几乎一天不差地听全国会商，坚持与同事们讨论分析天气，同时做了一些记录，相当于每天跟着国家局和省市级的专家们学习，等实况出来后还要进行分析研究，慢慢地发现对天气形势的把握能力提高了，预报质量也稳步的提升，有了自己的预报思路，并能够在一些重大天气过程预报服务工作中独当一面。天气会商系统相当于全国最权威专家实时地对天气形势进行解读，面对面地指导如何做天气预报，是非常好的学习机会，对我个人预报思路的建立和业务知识的提高具有巨大的作用。

2008年12月，我调动到山东省临沂市气象局工作，参加了2009年的新一代天气雷达原理与应用培训班。俞小鼎教授生动的讲解非常有吸引力，班级的学习氛围特别好，大家经常讨论交流，每天都有问题想请教老师，经常去搜一些文献来学习，时不时会查看全国的天气雷达拼图，看看哪里又在什么样的天气背景下，出现了什么类别的强对流天气，长时间积累下来，预报预警的思路就逐渐清晰了。

山东省气象局非常重视预报技术总结和预报业务讲座的开展,每年都会组织首席预报员从个人最擅长的领域分别进行讲授。比如张少林老师从天气学原理到本地的预报方法结合分析本省的灾害性天气过程;杨成芳老师从暴雪天气形成的物理机理角度进行深度的剖析;刁秀广老师从强对流天气的发生发展阶段结合雷达资料进行多角度的解析等等,每一位老师都毫无保留地传、帮、带、教,把在预报岗位上近 30 年的经验,通过深入浅出的方式,理论结合实际,又具有本地特点的预报预警方法教给大家。

待考选手与中国气象局干部培训学院熊廷南教授交流

我从 2014 年起担任领班工作,主要抓临沂的预报预警服务工作,参与全年值班、守班。作为地市级的预报员,要更注重局地强对流、台风、强降雨、寒潮等灾害性天气和重大气象服务工作,平时强化了业务理论知识,并重视总结分析工作。近年来,我对山东南部地区的暴雨雪、冰雹、大风等灾害天气深入研究,分析了本区域灾害性天气的特征和预报预警方法,在预报服务方面取得了优异成绩,为地方防灾减灾做出了贡献。多次被省局表彰为预报服务表现突出值班预报员,并被授予"山东

山东省临沂市气象台每周四组织内部业务学习成为常态

省优秀值班预报员""山东省气象服务先进个人"和"振兴沂蒙劳动奖章"等荣誉称号。工作之余合理利用个人时间，坚持不懈，努力学习，从2011起连续三届参加山东省气象行业职业技能竞赛，代表临沂市气象局获得团体三连冠，个人2次被评为"山东省气象部门技术能手"称号，在2015年9月的全省竞赛上获个人全能一等奖，被授予"富民兴鲁劳动奖章"和"山东省技术能手"称号；2016年1月荣获全国第五届气象行业天气预报职业技能竞赛团体二等奖，个人获全能一等奖，被授予"全国五一劳动奖章"和"全国技术能手"称号。

这里引用马丁·路德·金的一句名言："也许今天无法实现，明天也不能。重要的是，它在你心里。重要的是，你一直在努力。"作为大学时期的一个"学渣"，现在经常被人喊"学霸"，通过学习我更加发现自己不懂的地方越来越多。在我或者更多的人看来是像这样的也可以取得一点成功的话，那别人更可以，只要你能坚持不懈在一件事情上付出比别人更多的努力，总会成功的，最起码会成为这个领域较为突出的人。

● 面对竞赛全力以赴

全国气象系统,通过预报技能竞赛,推动了预报业务技术体系的建设,促进新资料、新技术、新方法的业务应用,促进了各级台站预报技术研发工作的深入开展;加快预报员队伍的建设,国家级、各省级气象局和行业气象部门的竞赛活动,涌现出了一批预报技术能手,既激励了预报业务骨干的成长,也使一些年轻的预报业务尖子脱颖而出;有力促进了预报水平的提升,各单位组织了不同层次的技术竞赛活动,带动了岗位练兵的广泛开展,对提高预报业务能力起到了积极的推动作用,有效地促进了预报员预报技能和综合素质的提高、推进预报员队伍整体发展。

说起竞赛准备,心里压力很大,知识面既要广又要专,考察的各项重点都不能有明显短缺。各类业务书籍带了20多本,整理出来的文档更多,隔几天就翻一次,每次看都有新的收获。长时间高强度的学习,身心俱疲,学习带给我的另一个好处是当心情焦虑的时候,看看书,很快整个人就静下来了,也经常看书看到忘记了时间,在2015年12月底,看书看得整个人都忘记了周边的同事和时间,感觉小手指有些发麻,甩了一下,发现整个人左胳膊都麻了,站也站不起来,还是同事扶着才起来,才意识到已经一动不动看了4个多小时书,不知不觉中把自己压麻了。针对竞赛和业务工作,省局组织了多次培训和高强度的集中训练,有幸聆听一些国内知名专家的讲课,收获很大,我很珍惜这些学习和交流的机会,愿意发表自己的意见和见解,经常和专家、同事们讨论工作中的问题,有时候甚至是争论。集训期间能够集中精力对天气学、雷达气象学、卫星气象学进行了回顾和学习,巩固了理论基础。现场问答的训练也增强了我迅速判断天气事件核心内容的能力,提升了语言表达能力。在考试前期,学习紧张,竞争激烈,几乎没有休息和回家的时间。晚饭后和女儿视频聊天是最温暖的时刻,看着她跳舞唱歌,有时候还做鬼脸来逗我开心,我下定决心要努力拼搏,对得起自己的付出,也对得起家人的付出。

山东参赛团队合影

● 所谓预报员

在工作和学习之余,我总会想许多问题,会换位思考政府和公众更需要什么样的预报结论,在日常业务工作中更是有效。天气预报永恒的目标就是提高预报准确率,近30年来天气预报的准确率随着数值模式的快速发展有了很明显的提升,仍然难以满足社会发展而日益多样化的需求,天气预报被诟病被误解被开玩笑。所谓"天有不测风云,人有旦夕祸福",天气复杂多变,预报员的一言一行牵扯社会的安定和公众的生命和财产安全,预报员常要面对身体和心理的双重压力。到气象局你很快就能识别出谁是预报员,脸色发暗,眼袋很大的十有八九就是预报员。气象预报员的工作要求节假日无休,一年四季每时每刻都有预报员值班守班，工作时一直对着电脑分析资料，时间又长，还经常值夜班，黑白颠倒，生物钟隔三差五就被打乱。许多预报员有神经衰弱，比年龄更着急的长相和身体，四十岁左右就依靠染发才能保持一头黑发的预报员不在少数，这就是所谓的"预报员职业病"，然而对预报员来说，更大的是精神上的压力，当预报不准确时，通常要面对社会的指责甚至是辱骂，内心也会充满挫折感。

有个段子说，上电视节目的男性预报员是最不靠谱的人，除去人有主观性不可靠外，天气预报的准确率永远不能达到100%的准确。这又是为什么呢？因为大气千变万化是个非线性的系统，根据混沌理论，不同天气现象具有不同的时间尺度和空间尺度。目前我国地面气象观测台站空间间隔较大，而且分布不均匀，一些中小尺度天气系统很难被有效地监测。如近年来造成严重人员伤亡的中小尺度强对流天气（如2016年6月23日盐城龙卷和2015年下击暴流导致东方之星翻船），预报起来难度就更大。再者，人类认识和尝试解读大气运动的规律才100多年，随着科学技术水平的不断发展和人类认识水平的不断提高，我们相信未来天气预报的准确率还将提高，即便如此，天气预报的准确率也永远不可能达到100%。需要在日常的工作中更多地注重跟踪预报服务工作，做好不同群体的针对性服务。社会公众对预报的认识和需求，也是预报工作者需要认真思考的问题。比如夏天，对流性天气多发，经常隔着一条马路天气就不一样，古诗有"夏雨隔牛背，鸟湿半边翅"，这种天气预报的压力就很大，预报局部有雨，若恰好"东边日出西边雨"，则东边的市民就认为准确，西边的就认为不准确。就比如端一盆子水往外泼，通常也不会很均匀，有淌水的，有刚好湿的，还有没湿的。实际的落区也会和预计的落区有差异，这也就是预报为什么有空报和漏报的原因。

近年来对天气预报水平的提高起到最重要作用的数值天气预报，由于观测数据存在初值误差，且数值模拟计算的过程中也存在计算误差，模拟的方案也有误差，这种误差会随着时间的推移被放大，因此，天气预报的准确率也很难达到 100%，尤其是预报的时效越长，不准确性越大。在全球变暖的大背景下，极端天气事件发生的概率和频率都呈现增多的趋势，也增加了天气预报的难度，最近看到一篇文献，指出南北回归线正在逐渐靠近，而大气运动主要依托于热力环流，这一改变也会导致预报的难度加大。

预报员做天气预报和医生看病有许多相似之处，要诊断分析发生了什么天气，未来会有怎样的变化，提醒社会公众如何应对天气变化和防御气象灾害。天气预报的准确率不能达到百分之百，就和医生的治愈率不能达到百分之百一样，但预报员们都竭尽全力的对待每一次天气过程，对待每一天的工作，还承担着巨大的压力和挫折感，甚至有些小尺度的天气系统，就目前的科学来说还没有很有效的预报方法，预报员也期待着能够早日攻克这样的"癌症"，满足社会和公众的需求。每一次预报的制作和发布，都要经过大量的工作，首先要对我们的地球和大气圈进行观测，拿到资料后进行处理分析，相当于是医生"望闻问切"的步骤。再利用先进的数值预报模式对未来的天气进行模拟，每个当班的预报员都要分析多种的观测资料，还要对并不完美的数值模拟结果进行分析，研究天气形势的演变，预测未来的天气，这相当于医生拿到相关的检验报告后进行病理分析一样。由于预报员的经历和擅长的领域还是有一定的差异，比如医生也分内科医生、外科医生等，最后还要组织"专家会诊"，也就是天气会商，从主班预报员，到领班预报员，再到首席预报员，所有的预报员们在一起就各自的判断和依据进行会商，最终形成一个结论，对外发布。

科学看待天气预报

按天气预报的时效长短，天气预报可分为：临近预报（0~2 小时）、短时预报（0~12 小时）、短期预报（1~3 天）、中期预报（4~10 天）、延伸期预报（11～30 天）和长期天气预报（短期气候预测），其中延伸期的天气预报尚未真正形成业务。

按天气业务发展的阶段可分为：传统天气预报和现代天气预报，进入现代天气预报业务的标志是数值天气分析预报产品在天气预报中的广泛应用并成为天气预报的基础。传统的天气预报开始于 19 世纪中叶，现代天气预报在发达国家开始于 20 世纪 80 年代，我国则开始于 20 世纪 90 年代。

针对天气预报从古至今所有的努力，各种方式的研究，只为获得一个简单的答案：未来天气将如何？最早的连续的记载气象特征的记录是在公元前 13 世纪，大约殷商时期就有了连续 10 天描述天空的特征、风雨的特征。亚里士多德在公元前 3 世纪写下了第一本较为完整描述许多气象学特征的著作"Meteorologiques"。书中解释了水的凝结作用，特别是提出了雨、雪的形成主要原因是由于冷却程度不同而造成的。亚里士多德更像一个"穿越者"，他论著的权威性维持了近两千年。之后气象科学的研究几乎中断了，中世纪对气象的预测大多采用占星术神秘学，认为只有上帝有能力控制天气现象，于是有大量的祈祷和祭拜活动，当有效时认为上帝显灵，失败时认为有魔鬼作怪或受到惩罚。包括古代战争，忽必烈在 1274 年和 1281 年 2 次准备对日本发动攻击，都是被台风击溃；拿破仑兵败滑铁卢也是没有考虑到天气气候的因素。同时民间有许多针对天象和物候的观测的经验，总结出一些天空状况对应的天气，比如"日晕三更雨，月晕午时风"和"早霞不出门，晚霞行千里"等等。

从 17 世纪开始随着许多新的科学发现，开始有了气压表、温度表和风速计，在欧洲逐渐有了连续的气象记录，气象学的研究才得以从亚里士多德的论著之后再次被推动。1975 年，拉瓦锡首先提出天气预报的准则："天气预报是一项艺术，它有自己的原理和准则，并须经过有经验的科学家的实验和观察记录。经常练习观察气压、风力风向、温度湿度等，对近乎艺术的气象工作是必要的，利用这些资料，可预报一两天后的天气，而且可能性很高，我认为它对社会大众将很有助益。"

现代气象学诞生于风暴之中，1854年11月14日，在克里米亚战争期间，一场强烈的风暴使法军的亨利四世号军舰及38艘商船毁坏，造成400多人死亡。当时的法国国防部长瓦杨青命天文学家勒威耶负责查找原委。勒威耶证明这场暴风雨在11月12日即已存在，而且在两天之内，便以自西北往东南的方向席卷了整个欧洲，因此他指出，影响天气的因子中，大部分因子都具有迁移性。他认为有必要发展气象学，促使气象学在1855年获得了正式的地位，指出"杰出的实用科学，其进步与航海、农业、公共建设、卫生等都有十分相关"。勒威耶也被视为现代气象学之父。此后气象台站和气象观测网开始建立，初步形成了地面气象观测体系，荷兰于1860年开始正式发布天气预报，称为近代天气预报发展的标志。

20世纪20年代开始，大气探测由地面发展到高空探测，实现了对大气的三维探测，罗斯贝提出了著名的大气长波理论，为后来的数值天气预报提供了重要的理论，中期天气预报的准确率提高到一个新的高度。1960年第一颗气象卫星发射成功，标志着大气探测进入了遥感遥测的阶段，有效促进了现代气象学科的发展，也为数值预报的发展提供了非常重要的条件。从上述简单的介绍也可以看出，随着探测手段的发展，对天气系统和天气过程的认识逐步深入，特别是近年来气象卫星、天气雷达与其他新探测技术的发展，发现了许多新的观测事实，为天气预报尤其是大气科学提出了许多新的问题。对于气象观测资料的收集与分析，依然是大气科学最重要的基础性工作。目前我国已经初步建立了以数值预报为基础，人机交互信息加工处理系统为平台、综合应用多种预报技术方法的天气预报业务技术体系。

对现代天气预报产生重要的经典理论有皮耶克尼斯提出的温带气旋发展理论、罗斯贝提出的大气长波理论以及中纬度地区天气预报核心基础的准地转理论。目前短期和短时、临近天气预报业务主要的天气预报方法有：天气图预报方法和数值预报方法。预报员在做出预报结论前要进行大量的天气分析，涉及的面也非常广泛，主要有天气图分析、雷达资料分析、卫星资料分析、其他观测资料分析等。随着我国气象探测系统的发展，分析和应用多种资料是提高灾害性天气监测率和预报准确率的必由之路。

目前，在中短期预报中，灾害性天气预报的准确率并不高，在短时临近预报中利用天气雷达、气象卫星、自动气象站等实况资料对灾害性天气进行识别，然后根据过去中小尺度的灾害性天气变化发展规律去外推预报，还要分析是否会有新的天气系统产生，强度的变化、移动的路径以及可能导致的灾害种类等。天气雷达的分辨率较高，在气象防灾减灾中具有特殊的重要作用。

按天气业务预报对象可将天气预报划分为：天气形势预报、气象要素预报和气象灾害预报。通常公众收到的是短中期气象要素预报和临近的气象灾害预警。在制作要素预报前，首先要对天气形势进行预报，之后根据天气形势再制作各地区的天气要素（阴晴雨雪、温度和风等）预报。天气要素的预报困难较大，即使天气形势预报正确，要素的预报未必就一定正确。就像同样的病，不同的患者结果不同，同样的身体反应未必是同一种病。这就要求预报员进行分析判断，通常在制作天气预报时，应该由分析大范围环流背景开始，由上游到下游，由粗到细逐步分析影响当地天气的环流系统和天气过程。首先分析和判断近期的大气环流背景及主导系统；其次分析、判断未来影响本地的天气系统及其影响部位的主要结构特征；然后分析其中可能存在中小尺度系统的可能；再分析局地的天气实况和气象要素。做到能理解、判断和订正数值预报和上一级的指导预报意见，最终做出自己的预报。随着数值预报的快速发展，已经是预报员最重要的手段和方法，而大气本身的混沌特性使得数值模式对初始场较小的误差十分敏感。初始资料的误差和模式的误差带来大气初始状态的不确定性和大气模式的不确定性，利用数值预报模式在确定性预报的初始场上叠加适当小扰动，从而形成稍有差别的多个初始场，作用多个动力延伸预报，用带有这种扰动的初值制作一系列预报，并将这些预报集合称为集合预报。集合预报是近年来天气预报领域的一个重大发展。多个集合平均的预报技巧评分好于单个的确定性预报，各种预报图的信息又进一步延伸到要素预报，集合预报明显优于确定性预报，是未来数值预报发展的方向之一，最终可能取代目前单体的确定性预报，称为业务预报的主要使用产品，而且大家收看到的要素预报，也将会变更为确定性预报再加上一个概率预报，指导政府和公众应对可能出现天气的强度范围，更加具备参考价值。

各类别的预报，由于天气系统的生命史和水平尺度不同，所依据的气象学理论也不同，就目前的科技水平而言，短中期天气预报主要依据大气长波理论和准地转理论，对是否有雨雪，温度的情况等预报准确率较高。而对于夏季的强对流天气，依据的是不稳定理论，对于强对流天气的强度和致灾性等重点要参考短时临近预报所发布的预报和预警，依据的核心手段是先进的综合观测网，比如雷达、卫星和加密气象观测站等。若有可能发生短时强降水、雷达大风和冰雹等天气时，气象部门都会发布预警信号，这些基本上都是短时临近才对外发布。

地球大气系统是一个完全不可分离的整体，云和雨完全无视地理界限的存在，气象学家约定以格林威治时间为基准，交换所观测到的全部资料，中国处于东8区，因此，所描述的今天白天到夜间为今天的08时到明天的08时之间，今天夜间到明天白天为今天20时到明天20时。也有一些预报员经常用到专业术语，不易让人明白，又不好用别的词汇来代替。

"局部地区有雷阵雨，局部地区有暴雨"，大家经常调侃局部地区好悲催，天天被踩蹋。局部地区，目前没有很标准的定义，但是字面上理解应该不难。就拿暴雨天气来说，我国600多个国家基准站，如果周围连续5个站点出现暴雨，便可称为区域性暴雨；如果大片区域内降水量低于50毫米,只是个别的站点出现50毫米以上的降水,就是局地暴雨。局地降水主要突出某个地区降水与其他区域有差异。另外,预报也有不确定性,比如夏季对流性天气,受到科学技术的限制,对流系统的预报难度非常大,通常出现一个乡镇影响而有另一个没有的现象,无法明确地指出一个相对准确又完整的区域,这时候就要通过局部地区来描述该预报结论。

"说35℃,我看有50℃,气象台又不敢预报高温了!"到了夏季,经常有市民会质疑气象局把最高温度报低,甚至质疑观测数据准确性。通常预报中的气温是指温度计置放于百叶箱中的温度,百叶箱是安置在空旷的草坪上,温度传感器的高度离地面约1.5米,并且周围没有树木和建筑物遮挡,这样的探测环境受外界的干扰小,较为客观,有利于统计分析。在炎热的夏季,午后的深色调地面经常会出现50℃的高温,甚至走路都烫脚,坐都坐不下,但是在通风、不直射离开地面1.5米的百叶箱显然不会是这样的温度。此外,还需提到体感温度,即每个人和外界接触感受的温度,会受到多方面的影响,比如湿度。夏季如果副热带高压控制,又潮又热,人体感觉就极其不舒服,体感温度高;秋冬季,有风,就觉着特别冷。体感温度受到影响的因素太多,客观性并不好。

"说好的暴雨,我看下的这么小,气象局又报错了"。暴雨,指过去24小时降水量达到50～99.9毫米。也就是说如果每个小时下3毫米,人体感觉雨下得很小,但持续一天,也会出现暴雨。但如果是强对流性质的,往往一个小时就会出现20毫米以上甚至50毫米以上的强降水,感觉像泼水一样,瞬间湿透,市民往往认为后者才是暴雨。如果仅仅是10分钟下了10毫米,也会瞬间湿透,感觉雨特别大,实际上,雨量才刚达到中雨。

"这么旱气象局怎么不增雨?"人工影响天气,是指人为手段使天气现象朝着人们预定的方向转化,主要有人工增雨和人工防雹。它是指在一定的有利时机和条件下,通过人工催化等技术手段,对局部区域内大气中的物理过程施加影响，使其发生某种变化，从而达到减轻或避免气象灾害目的的一种科技措施。例如，在我国很多地区利用飞机或高炮、火箭等运载工具向云中播撒碘化银、干冰等催化剂进行的人工增雨、防雹作业，作业前还需要严格地申请作业空域，如果没有可以作业的空域也是无法开展人工影响天气作业的。"巧妇难为无米之炊"，如果没有适合成云降雨的条件，就是再怎么作业也没办法形成有效的降水，我们所能做的就是通过人为的影响，使得雨下得更有利于社会的生产生活。人工消雹作业有时并不能使冰雹彻底消散，只会导致降雹的尺寸变小或者持续的时间变短，这样也能起到减轻灾害的作用。

临沂市气象局开展人工增雨

杨晓丽
说气象观测技能

走近杨晓丽

杨晓丽是河北省邢台市国家基本气象站地面测报员，在2013年第七届全国气象行业职业技能竞赛中荣获了个人全能第一名，并被授予"全国五一劳动奖章"。

◆ 平凡工作闪烁坚韧之辉

在获得全国气象行业职业技能竞赛个人全能第一名之前，杨晓丽是一名平凡的地面观测员，但平凡中透露着一股子执着和韧性。

1996年从兰州气象学校毕业后，杨晓丽先后在饶阳国家基准气候站、南和县气象局、邢台市国家基本气象站从事地面观测工作。17年来，她始终用强烈的时间观念和高度的责任感约束自己，恪尽职守，值好每一个班次，日复一日、年复一年地往返于值班室、观测场之间。

在杨晓丽的眼里，气象观测高于一切，在规定时间内采集到准确的气象数据比任何事情都重要。通过对自身严格要求，杨晓丽收获了7个"百班无错情"，被中国气象局授予"全国质量优秀测报员"称号。

◆ 责任至上诠释努力之美

"仪器装备多巡视一点,观测记录多检查一点,业务知识多学一点,工作技能多提高一点。"这是杨晓丽的工作宗旨。

2012年8月的一个晚上,已是深夜1时,在整理好所有东西后,杨晓丽习惯性地到计算机前查看各项数据是否正常。突然她发现20厘米地温数据出现异常。"如果是仪器坏了,就会影响白天的正常观测,必须马上检查及时更换。"凭着十几年的值班经验,杨晓丽立即着手进行测试分析。不出所料,地温传感器坏了!她知道:更换地温传感器最好的时间是没有日照的时段。杨晓丽迅速联系装备保障人员,打着手电筒把埋在地下的传感器挖出来。一个小时之后,自动站资料传输恢复正常。当杨晓丽回家时已经是凌晨3时许。

令同事感动的不仅是杨晓丽风雨无阻的工作精神,还有她宽容无私、乐于助人的善良品行。同事程晓辉说:"不管谁在工作中遇到不懂的,或是值班临时有事,晓丽都会乐呵呵地帮大家排忧解难,从不借故推托。"

◆ 厚积薄发闪耀拼搏之光

工作之余,杨晓丽从未中断过学习。她深知,地面测报需要不断更新知识和积累业务。杨晓丽不仅用心学习与地面观测相关的专业书籍,还精读了《天气学原理》《天气图分析》等与气象工作有关的各种书籍。

如果说平时的学习积累是锻造,那赛前的集训就是磨砺。2012年10月,杨晓丽成为河北省参加第七届全国气象行业技能竞赛的12名集训队员之一。集训期间的每个夜晚,无论她半夜几点钟醒来,第一件事就是拿起书;书看累了,边听音乐边练习自动站保障操作就是她的调节方式。她像春日里花丛中的蜜蜂,贪婪地采集知识的蜜汁。

梅花香自苦寒来。在 2012 年 11 月举行的第四届华北区域气象行业测报技能竞赛暨第二届华北区域气象行业气象观测技能竞赛中，杨晓丽包揽了观测理论、计算机综合处理、自动站保障、个人全能四项第一。在 2013 年 1 月 8 日举行的第七届全国气象行业职业技能竞赛暨第四届全国气象行业气象观测技能竞赛中，她荣获地面气象观测单项第一名，计算机综合处理单项第六名，个人全能第一名。

如果说杨晓丽平时的吃苦耐劳和努力工作是一条长河，那么我们采撷的只是几朵小浪花。她就像寒冬腊月中的一株腊梅，用韧性与坚持，在平凡的观测岗位上散发出清淡的幽香，用热情与执着诠释一名气象观测者的品质。

(转引自《中国气象报》2013 年 5 月 14 日第 1 版)

天气是一本读不完的书

天气，对人类的影响无时不有、无处不在。

"新筑场泥镜面平，家家打稻趁霜晴。"（《范成大·秋日田园杂兴》）天气制约着农事生产。

"东边日出西边雨，道是无晴却有晴。"（《刘禹锡·竹枝词》）人类把最真的情感融入最美的天气。

"东风不与周郎便，铜雀春深锁二乔。"（《杜甫·赤壁》）东风骤起，吴胜曹败，天气定三国大局。

天气，以地球大气为背景，以复杂多样的大气运动为表现手法，以热量和水分的传输交换为载体，展现风云变幻、气象万千，刻画出丰富多样的气候特征，始书于地球诞生之日，未有终期的悠悠历史长卷。

天气如此重要，为阅读天气这部历史长卷，人类以卫星之眼，于大气之外，用遥感技术测大气之貌；以雷达之波，于大气之中，用电磁波技术测雨雾之谱；以人类之手，于地面之上，用自动化技术测大气之态。

下面我们一起走进人类最原始的阅读天气方式——地面气象观测。

◆ 天气变化密码——气象要素

为什么气象学能够比地震学发展迅速？这是由于气象上发现了能够用气压、气温和湿度等物理参数来表征大气状态的改变，这些物理参数称之为气象要素。

大气运动的始作俑者——气压

气压，即大气压强，单位面积上向上延伸到大气上界的垂直空气柱的重量。当气压分布不均匀时，气块就收到一种净压力作用，我们称这个力为"气压梯度力"，在气压梯度力作用下，大气从高压流向低压，从而影响天气系统的移动。因此，观测气压的变化，可以提前了解天气系统的移动。

我国有2000多个国家级气象观测站，每个地面气象观测站的海拔高度不同，海拔最高的西藏自治区安多气象站，海拔4801.0米，海拔最低的新疆吐鲁番市东坎气象站，海拔高度为－48.7米。为相互比较所有气象站气压值，便于天气分析，需将海拔高度不同的本站气压值订正到海平面高度，我国统一订正到黄海海面平均高度，订正后的气压值称之为海平面气压。

气压测量仪器：我国目前采用硅膜盒电容式气压传感器测量本站气压，传感器安装在自动气象站采集器机箱内，当外界大气压力发生变化时，单晶硅膜盒随着发生变形，从而引起硅膜盒电容量发生变化，通过测量电容计算出本站气压。

大气热力过程的操纵者——温度和湿度

温、湿度的分布和变化,制约着大气运动状态,影响着云和降水的形成,大气的热能和湿度是天气变化的一个基本因素,也是气候系统状态及演变的主要控制因子,温度场和湿度场分析,是天气预报的重要依据。

空气温度是表示空气冷热程度的物理量,简称气温。空气湿度是表示空气中的水汽含量和潮湿程度的物理量,简称湿度。

世界气象组织(WMO)规定,所有气象台站测量的近地面层气温和湿度的高度应在1.2~2米之间,我国统一规定测量高度为离地面1.5米的气温和湿度。因这一高度的气温既基本脱离了地面温度振幅大、变化剧烈的影响,又是人类活动的一般范围。

气温和湿度观测设备安装在百叶箱内,百叶箱是它们的保护伞,可以防止太阳对仪器的直接辐射和地面对仪器的反射辐射,保护仪器不受强风、雨、雪等的影响,并有适当的通风,能真实地感应外界空气温度和湿度的变化。

气象上温度的测量主要使用铂电阻温度传感器,铂电阻温度传感器利用金属铂在温度变化时自身电阻也随之改变的特性来测量温度,通常使用的铂电阻温度传感器采用Pt100电阻,0 ℃时的电阻值为100欧姆,温度每变化1 ℃,电阻值变化0.385欧姆。

湿度测量主要使用湿敏电容湿度传感器,高分子薄膜湿敏电容具有感湿特性,当外界相对湿度变化,作为感应膜的高分子聚合物能吸附和释放水汽分子,其介电常数随之变化,使湿敏电容量发生变化,将电容变化转变为电压信号输出,根据电压值计算出空气的相对湿度。

地面气象观测所测量的某时刻的气温和湿度,不是某一瞬间的实际温湿度,实际上是指该时刻前某一时段的平均值。目前我国气象台站测量的温湿度指1分钟的平均值,自动站每分钟采样30次,计算30个采样值通过质量控制的采样值的算术平均值作为该分钟的气温和相对湿度值。

地面气象观测中用来表示空气湿度的气象要素除相对湿度外，还有水汽压和露点温度，但不直接测量，由测量出的相对湿度和温度值计算出同一时间的水汽压和露点温度。

低温条件下的湿度测量，至今仍是世界上气象观测的主要难题之一。

大气运动的自我表演——风

大气，无色无味，时刻流动着，我们不知道它的意图，看不到它的动作。但它时而微风拂面，时而微波荡漾，又让我们时刻感觉到它的存在，偶尔化作龙卷，飞沙走石，墙倾屋摧，向我们示威。这种因空气流动产生的气流，我们称之为风。

气象学上规定空气的水平运动称为风。为了使观测结果具有可比性，世界气象组织规定所有气象观测站应观测离地面10米高度处的风向、风速，并且观测场地四周开阔。这是为了消除不同下垫面摩擦不同对风向风速观测的影响。

风向，是指风的来向。人工观测按16方位法记录，自动观测以度为单位记录。风速是指单位时间内空气移动的水平距离，以米/秒为单位，记录时取一位小数。

在自动观测中，风速的采样频率是最高的，每秒4次，即每0.25秒一个采样值。风向采样频率为每秒1次。

由于大气的湍流特性，气流随时间和空间变化剧烈，对一个固定地点来说，风具有明显的阵性，对于气象服务来讲，致灾的往往是风的瞬时值较大，因此，地面气象观测中，风的观测不仅包括平均值，还有瞬时值的观测。一般观测十分钟平均最大风速和三秒钟平均极大风速。

自动测量风速用三杯风速传感器，将一多齿光盘固定在风杯轴上，光盘上装有发光二极管，下面装有光敏三极管，在水平风力的驱动下，风杯带着光盘转动，光敏三极管时而导通时而截止，从而得到与风杯转速成正比的频率信号,由计数器计数,经转换得到实际风速。

自动观测风向采用长臂单叶风向传感器,风向标主轴上有一格雷码盘,格雷码盘的作用是将风向标轴转动角度的度数变成二进制的数字信号,风向标随风向旋转时,带动主轴及码盘一同旋转,把风向标的角位移转换成格雷码输出,得到当时的风向。

大气运动的终极效应——天气现象

"忽如一夜春风来,千树万树梨花开"记录了下雪的天气;"黑云翻墨未遮山,白雨跳珠乱入船"记录了积雨云下的暴雨。古人把天气现象的记录用美妙的诗句记录下来。

作为正式记录的天气现象却没有古人的诗情画意。《地面气象观测规范》一书中是这样定义的,天气现象是指发生在大气中、地面上的一些物理现象。包括降水现象、地面凝结现象、视程障碍现象、雷电现象和其他现象。这些现象都是在一定的天气条件下产生的。

地面气象观测中定义了34种天气现象。我们平常说的下雨,在气象观测中我们分为雨、阵雨、毛毛雨3种。我们平时说的雪,在气象观测中分类就更细了,有雪、阵雪、雨夹雪、阵性雨夹雪、霰、米雪、冰粒7种之多。

有些天气现象会对我们生活造成严重影响,所以我们并不喜欢看到它们。

如冰雹,它形成于有强烈上升运动的积雨云中,雹核白色不透明,受强烈上升气流的抬升而在云中反复升降,不断有雪花附着和过冷却水滴冻结上去,形成不透明和透明冰层相间组成的冰雹。降冰雹对农业生产影响很大,是一种严重的自然灾害。

再如龙卷,一种小范围的强烈旋风,从外观看,是积雨云底盘旋下垂的一个漏斗状云体。有时稍伸即隐或悬挂空中;有时触及地面或水面,旋风过境,对树木、建筑物、船舶等均可能造成严重破坏。龙卷出现时风速可达 150～450 千米/时以上，具有很强的破坏力。龙卷出现很短促，一般几分钟，最长不过几十分钟，直径只有 100～300 米，最大超不过 1000 米，但造成的灾害很严重。

除此之外，我们还观测露、霜、雨凇、雾凇、雾、吹雪、雪暴、龙卷、沙尘暴、扬沙、浮尘、雷暴、极光、大风、冰针、轻雾、积雪、结冰、烟幕、霾、尘卷风、闪电、飑 22 种天气现象。

为了适应自动化发展，对于有些难以区分，或影响不大，或可以用新探测资料代替的天气现象，取消了部分天气现象的观测。目前，气象台站观测的天气现象减少到了 21 种。

水循环最基本环节——降水

降水是描述某地气候特征最基本指标之一；对某地气候的形成起决定性作用；对人类生产生活影响较大。我国作为农业大国，从古至今对降水都非常的关注。

在地面气象观测中，降水定义为从天空降落到地面上的液态或固态（经融化后）水。降水量定义为某一时段内的未经蒸发、渗透、流失的降水，在水平面上积累的深度。地面气象观测中降水量以毫米为单位，记录取一位小数。

关于降水量的观测，宋代著名数学家秦九韶在其著作《数书九章》中曾有记载，当时全国"州郡都有天池盆以测雨水"，并有计算量雨器和量雪器的容积之类的数学问题，反映了当时已经采用仪器进行降水量的观测。

现代地面气象观测用来测量降水量的仪器，自动观测的有用于液态降水量观测的翻斗式雨量传感器，和用于固态或者混合降水量测量的称重式雨量传感器。人工观测采用雨量筒和量杯。虽然降水量的观测都实现了自动化，但是依旧保留了作为降水量人工观测手段的雨量筒和量杯。这是因为降水量的观测无论对于天气预报、气候分析还是气象服务来说，都是特别重要的观测资料,保留人工观测手段是为了在自动观测设备出现故障时,依然可以获取准确的降水量资料。

空中气象要素变化示踪物——云

"不见画师,俄时多彩多色;并无织女,刹那展缎铺纨。"这便是千变万化,六色七颜的云的杰作。

云不仅美丽优雅、仪态万千,在我们气象人眼中,不同的云代表着不同的天气意义,通过观测云的存在和变化,可以了解当时大气中的各种物理状况,能够间接了解空中气象要素的变化和大气运动的状况,对未来天气的变化有指示意义。因此,云的观测非常重要。

在地面气象观测中,云的观测内容有:判定云状、估计云量、测定云高和选定云码。

《地面气象观测规范》中,根据云底高度,把云分成高云、中云、低云3个云族;再根据云的结构特征和组成把3个云族分为10个云属;最后根据云的外形特征把10个云属细化为29个云类。地面观测业务中云状观测就是通过目力判别并按29类云状符号记录天空云状。

云量的观测,气象观测的是视云量,把整个天空视野分为10成,被云遮蔽的成数称为云量。云高指云底距测站的垂直距离,多采用目力估测。

云的编码是为了准确而又简明扼要地把测站的云况编成气象报告,用于国内或国际气象观测数据交换。云码可以表示某一高度气层内云天的状态,还能反映当时大气的运动状况和发展趋势。

随着探测技术发展,雷达、卫星等现代探测技术的应用,人工观测云已经逐渐被现代化的观测手段代替。目前气象台站已经取消了云状的观测,云高和云量的观测正在逐步实现自动化。

你能看多远——能见度

能见度概念在气象学中得到广泛应用,它是表征气团特性的要素之一；它是与特殊应用相对应的一种业务参量；在地面气象观测中，它是判断某些天气现象及强度的重要指标；在航空航海及其他交通运输领域里，它是关系到安全保障的重要气象要素之一；在环境监测领域，它是体现大气污染程度的重要特征量。

在很长一段时期，地面气象观测中能见度采用人工目测，每个测站均准备一张用于观测的目标物分布图，在其中标明它们相对于观测者的距离和方位，其目标物的选择有严格的条件限制，如必须为深色物体，仰角不能超过6°，大小适度等，为的是观测的能见度尽可能的接近实际情况。观测时根据各目标物能见与否确定当时能见度。

之所以要在台站四周选择目标物，是因为台站四周的大气透明度往往不一致，使各个方向的水平能见度不一致。地面气象观测中采用台站四周视野中二分之一以上的范围都能看到的目标物的最大水平距离，作为能见度的正式记录，称之为有效水平能见度。记录时以千米为单位，保留一位小数，和其他气象要素不同的是，第二位小数不管是多少，均舍去。

人工观测能见度，其估计值往往依赖于个人的视觉和对"可见"的理解水平，因此，能见度的目测估计值都是主观的。

在能见度的客观测量中，世界气象组织规定能见度用气象光学视程表示。气象光学视程是指白炽灯发出色温为2700K的平行光束的光通量在大气中削弱至初始值的5%所通过的路径长度。

目前我国气象台站采用前向散射能见度仪进行能见度的自动观测。前向散射能见度仪的发射器与接收器在成一定角度和一定距离的两处。接收器不能接收到发射器直接发射和后向散射的光，而只能接收大气的前向散射光。通过测量散射光强度，可以得出散射系数，从而估算出消光系数，然后根据柯西米德定律计算气象光学视程（MOR）。

我们已经介绍了地面气象观测中主要观测的气象要素，除此之外，还进行蒸发、地温、日照、雪深、雪压、电线积冰等项目观测。有的是为了积累气候资料，有的是为了气象观测。随着社会不断发展，科技不断进步，地面气象观测项目越来越丰富，观测仪器功能也越来越先进，例如闪电定位仪、雨滴谱仪等。

观测员的白色世界——观测场

走进气象局，观测场便闯入我们视线，标准的气象观测场为边长25米的正方形，周围用1.2米高洁白围栏围起，场内观测设备的外观均为白色。这是因为白色具有良好的反射率，可以反射掉大部分的太阳辐射，避免观测设备吸收过多太阳辐射，从而影响气象要素测量准确度。

地面气象观测场是取得地面气象资料的主要场所，中国气象局要求地面气象观测场的建设必须标准化、规范化，观测场的环境条件、大小、观测设备的安装位置、高度等都有严格标准。

探测环境是否符合要求，直接影响着气象探测信息的代表性、准确性、连续性和可比较性，因此国家制定了《中华人民共和国气象法》《气象设施和气象探测环境保护条例》等法律法规来保护气象设施和气象探测环境。

走进观测场，小路纵横交错，把观测场分成了11个区域，观测设备严格按照国家气象局要求布设。高如10米风塔，低如30厘米的南北标志；大如称重雨量传感器，小如地温传感器；你想得到的气压传感器，你想不到的草的高度、路的宽度；观测场的每一件物体，其高度、距离、误差范围、安装位置都有详细规定。

所有地面气象要素的观测，都是在观测场进行，可以说，观测场就是我们观测员的整个世界。

与众不同的气象观测数据

说起温度、气压，我们用初中物理知识便可解释其测量原理，那么气象上对温度、气压等气象要素的测量有何特殊要求？

代表性，日常生活中测量体温，测量的数据代表这个人的身体温度。那么每个气象观测站测量的气温数据，只要能代表气象站的温度是否就可以了呢？答案是否定的，气象上要求，观测记录不仅要反映观测点的大气温度，而且要能代表测点周围一定范围内的大气温度。一个典型的天气站观测的气温，必须代表其周围100千米范围的气温，为的是确定中尺度和较大尺度的现象。其他气象要素亦如此，但不同的气象要素代表性不同，如气温、气压代表性较好，可代表较大范围的气象状况，而能见度的代表性相对较差，只能代表较小范围。为保证获得观测数据的代表性，观测站的位置、仪器的性能及其安装位置，均要充分满足观测记录的代表性。

准确性，顾名思义，观测记录要能真实的反映大气状况。气象上根据观测记录用途不同，对气象要素测量准确度有不同要求。例如：天气预报所要求的是能反映较大尺度范围各地特征的气象资料，它所需的气温资料只要有 0.5 ℃的准确度，温度中过小的脉动值在天气分析中无须考虑；但是作为气候分析，显然这种准确度是达不到要求的，世界气象组织要求气候分析中的气温资料的准确度为±0.1 ℃。

比较性，有两层含义，第一是不同地方的气象观测站在同一时间观测的同一气象要素能进行比较，即站与站比；第二是同一气象观测站不同时间观测的同一气象要素值能进行比较，从而能描绘出气象要素的地区分布特征和随时间变化的特点，即要素与要素比。因此，地面气象观测的比较性是建立在一致性的基础上，即要求在观测时间、观测仪器、观测方法和数据处理等方面都保持着高度的统一。

代表性、准确性、比较性，这便是我们气象观测上所称的"三性"，它们即相互联系，又相互制约。代表性建立在准确性的基础上，数据不准确就谈不上代表性；然而再准确的数据没有代表性也难以应用。同时，比较性必须以准确性和代表性为前提，如果资料即不准确又无代表性，对这样的资料进行时空比较是无任何意义的。只有具有"三性"的气象观测记录，才可应用于天气预报、气象服务、气象分析等其他气象领域

气象观测数据的神秘旅行

我国有 2400 多个国家级气象观测站，每天观测的气象数据最终去了哪里？

我们知道，气象观测在气象观测站进行，观测的数据首先要进行质量控制，剔除错误数据或用统计学方法计算或者估算出具有使用价值的数据。这项工作在以前由观测员进行，实现自动化观测以后，质量控制的工作由采集器、地面综合观测业务软件和观测员分工协作完成。气象站观测完成后，一方面数据保存在本站，可以供本地气象服务使用；另一方面，必须及时将本站的气象观测数据上传给上级业务单位。

我们为什么要将数据传输给别人呢？

这是由于大气系统大都涵盖相当大的范围，一个单点大气的数据并不能说明整个大气的状况，就像管中窥豹，无法借以得知全貌。所以就需要通过国际合作，彼此交换数据，综合各地的地面观测资料，将大气的全貌一点一滴的拼凑起来，才能绘出地面天气图以供大家对天气状况的掌握。所以大气科学是最没有国界意识和门户之见的学科门类。

观测数据必需和国内及国际的气象机构交换，数据交换通过电报传递，所以数据必须精简，而且格式统一，称为气象电码（5位数字一组）。这些气象电码按照规定先汇集到几个气象数据交换中心，然后由这些中心把汇集的数据利用有线或无线的媒体网络广播出去，于是每个国家或地区的气象台通过接收电码就拥有全球同一时间的气象数据了。因为数据量非常庞大，而且几乎都在同一时间传递，所以即使是在今天的科技条件下，气象电码也还是要非常精简的。

79698，889XX，看到这两组数据您一定是一头雾水吧。但如果这是

某观测站 14 时编发的气象电码，我们就可从中看到风云变幻，气象万千的天气变化。79698 是天气现象组，表示的含义是观测站观测时正在打雷下雨、降冰雹，并且在 8 时到 13 时的这段时间，测站也在打雷下雨。889XX 是云组，表示观测时测站满天都是积雨云，即打雷下雨的云。在人工观测时期，气象站所有观测数据，均由观测员编译成电报，通过邮局拍发或电话，传给上级业务单位。而在自动观测时期，由观测员和地面综合观测业务软件合作，形成观测数据文件，通过网络传输到上级业务单位，最终数据传输到国家气象中心，由国家气象中心负责数据的国内交换，并将观测数据统一译成报文，进行国际交换。

气象观测数据完成数据交换、天气预报、气象服务等实时工作使命后，不会就此丧失使用价值而丢弃，会按规定格式形成数据文件存储在国家气象信息中心，成为国家宝贵的气象数据资源，为气象研究、气候分析等积累资料。

观测情·气象梦·人生路

1992 年，我成为兰州气象学校气象专业的一名学生，从此和气象观测结下了不解之缘。1996 年，满载四年所学气象知识，在河北省饶阳国家基准站，开始走上气象观测之路。

◆《易》曰：君子慎始，差若毫厘，谬以千里——准确

我刚参加工作时，观测数据的采集依赖观测员通过目测或者器测进行。那时，作为一名气象观测员，最怕的就是值班时观测记录出现错情。对于我们地面气象观测人来讲，观测数据差 0.1 都不行。如果某个时次

的气温为 1.0 ℃，而在观测记录簿上你写的是"1"，这就算做一个错情。这是因为，一方面观测数据要输入数值预报模式做预报，细微的观测数据误差有可能造成天气预报的不准确；另一方面，气象观测数据的传输和存储都有严格的格式要求，格式错误的数据无法正确编译和存储，造成正确的数据因格式错误被丢弃。观测员为了读数准确，每一次观测都必复读；因地温表安置在地面，为了准确读取地温数据，身材偏胖的或者怀孕的同事都是趴着或者跪着读取地温数据。之所以怕出错情，一是作为气象观测员的职业责任感，二是出错情之前的观测记录就无法参加"全国质量优秀测报员"的评比。我们要连续一年不出现任何错情，才能获得"全国质量优秀测报员"的称号。对于一般气象站的观测员来说，往往要坚持 2~3 年不出现任何错情才能获得这个称号。

到现在我依然清晰地记得我的第一个错情。那是刚参加工作时，跟师傅三个月的班后，感觉自己什么都会了，就开始独立值班。小心翼翼地值班一个月后，没出现任何错情，遇到复杂天气自己也顺利完成了观测任务，就感觉观测工作做好很简单。谁知在一个月朗星稀的晚上，感觉天气简单，我一时放松了警惕，结果晚上 02 时观测时，读完气压自记读数，忘记了做记号，结果被记错情一个。于是，我明白了一个道理，一时做好容易，难得是长期坚持。此后，无论什么天气，我都一丝不苟，认真对待，值班时只看业务书籍，不做与工作无关的事，这种对待业务的态度直至现在我始终如一。

如今，地面气象观测正在向自动化迈进，多数气象要素的观测均实现了自动化，观测数据量迅速增加，我们对观测数据的质量控制由人工进行也改为利用各种业务系统来进行，无论采用哪种方式，我们气象观测员把保证观测数据的准确性永远放在第一位。

♦ 勿谓寸阴短，既过难再获——及时

"有一次，已经到了发报时间，突然想起是自己值班，于是拼命地向

值班室跑去,越着急越跑不动,眼睁睁看着错过了发报时间……"突然惊醒,才发现原来是个梦,心里很庆幸,幸亏是梦,如果是真的,将要面对的就是全省的通报批评。几乎每个观测员都做过类似这样的噩梦,有的是梦到网络中断,报文发不出去;有的梦到自记纸停止了几个小时才发现,甚至脱离观测岗位多年后仍会做类似的梦,也许这就是气象观测员的职业病吧。

从事气象观测工作的人,时间观念特别强。在定时观测时次,每分钟做哪项工作,观测场气象要素的观测顺序,甚至百叶箱里的4只温度表,也必须按规定的顺序读数。这是因为气象观测数据与时间一样,"勿谓观测易,既过难再获",错过了这一时次观测,任你再有本事,科学技术再进步,再也无法取得这个时次真实的观测数据。

苟日新,日日新,又日新

1996年,我刚参加工作,饶阳属国家基准站,业务用仪器、设备是最先进的,但所有气象要素观测依然是人工进行,编发气象电报是用一种名为PC1500的简单计算机进行编报,编出的气象报文通过高频电话发到省局,航空报文通过电话传给邮电局,邮局再用电报发出。而那时的一般气象站,还依然是手工编报,一个月的观测数据报表也是手工一个一个数字抄录的。

1998年,我国正式开始自动气象站布点。而我,直到2008年,才首次接触自动气象站。在此之前的12年,观测业务虽有发展,也仅限于计算机和业务软件辅助人工进行一些观测数据的处理工作,观测方式始终是人工进行。自动气象站正式业务运行后,观测方式由人工为主变为自动为主,工作中遇到的问题多了,且都是新问题,有些问题没有人能给出明确的解释,我发现以前所学的知识已经无法继续支撑我做好观测工作。于是,一方面我开始学习新知识。计算机、网络通信、电子设备等以前和观测毫无联系的学科，我都要从零学起。随着探测技术的发展，投入到气象探测中的新型设备越来越多，观测资料也越来越丰富。为了维护好设备，做好观测数据的收集、质量控制和产品制作等工作，我又开始学习气象学与气候学、天气学原理、雷达、卫星等知识。另一方面，在平时工作中，我认真学习新的业务技术规定，在值班过程中练习自己的专业技能。通过努力，我提高了自己的业务能力，同时也收获了属于观测员的至高无上的荣誉。2013 年，在全国气象行业职业技能竞赛上，我一举夺得个人全能第一，被授予"全国五一劳动奖章"荣誉称号。

用数字谱写人生——奉献

过去，我们人工观测，值班室到观测场约 100 米，每天 24 小时观测任务，加上巡视仪器、湿球融冰、仪器维护等工作，平均每天往返观测场 30 次，每年走过 2190 千米，17 年约 37 230 千米，6 个观测员，用 17 年时间，走过的路程几乎绕地球一周。所有的观测数据都是观测员用手抄录。每个月观测数据约 2 万个，形成的月报表需要观测员抄录成两份，一份报上级业务部门，一份本站留存用来做气象服务。

现在，我们基本实现了自动化观测。多数气象要素实现了每分钟采集数据，24 小时连续观测。仅气温一个要素每月就有约 5 万个数据。

未来，地面气象观测向无人化发展，观测员在向综合气象业务人员转变。无论科技如何进步，我们观测员的精神永远不会改变，那就是——准确、及时、创新、奉献！

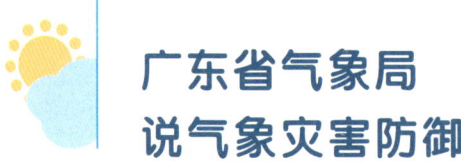

广东省气象局
说气象灾害防御

走近广东气象

广东省属热带和亚热带季风气候区,气候资源丰富,绿色发展潜力大。冬无严寒,夏无酷暑,气候暖热,年平均气温为21.9℃,分布呈南高北低,7月份最热,1月份最冷。广东省风能资源良好地区的技术开发量为1367万千瓦时,技术开发面积为4249平方千米,近海风能资源是全国最丰富的地区,开发的潜力更大。雨量充沛,年平均降水量为1790毫米,雨日149天,80%的雨量集中在汛期(4—9月)。汛期全国最长,其中,前汛期(4—6月)主要防御暴雨,后汛期(7—9月)主要防御台风。

广东是气象灾害大省,主要气象灾害有台风、暴雨洪涝、寒冷、干旱、强对流、雷击、高温等。由于是经济大省、人口大省,人口密度大、土地含金量高,与其他省份比,同样的气象灾害造成的损失和社会影响往往更为严重。类似2008年低温雨雪冰冻灾害,还由于连锁反应和放大效应,甚至引起社会恐慌和不安定。

台风

台风是最主要的气象灾害,年平均登陆或严重影响广东的台风约有5个,集中在6—10月,约占全国的40%。台风所经之处,常有狂风、暴雨和巨浪，带来毁灭性的灾难。如9615号台风在湛江登陆造成216人死亡，经济损失175.7亿元；2006年7月14日，0604号强热带风暴"碧利斯"严重影响广东省，造成123人死亡，直接经济损失151.8亿元。

● 暴雨洪涝

暴雨主要出现在汛期（4—9月），农历端午节前后常常出现较强降水，民间俗称"龙舟水"。由于广东省暴雨次数多、强度大，容易引起城乡积涝，引发泥石流和山体滑坡等地质灾害，造成严重人员伤亡。如1994年6月的洪涝灾害造成145人死亡，经济损失102亿元；2010年5月7日广州特大暴雨造成严重积涝，死亡6人，经济损失高达5.4亿元，社会影响极大。

● 寒冷

由于冬季气温波动大，极端寒害对果树、淡水养殖等造成重大损失，同时容易引发道路积冰，严重影响交通安全和生产生活，如2008年的低温雨雪冰冻灾害，直接经济损失185.4亿元，而连锁反应引发的民工返乡等社会问题，甚至引起党中央的高度重视。比如1999年12月中下旬低温寒害，农业受灾面积78.3万公顷，农业直接经济损失108.5亿元。

● 强对流

短时强降水、雷雨大风、龙卷风、冰雹和飑线等强对流天气是珠三角地区常见的气象灾害，多出现在春夏之交，强度大、破坏力极强。如1995年4月19日出现的强对流天气造成54人死亡，经济损失达7亿元；2011年4月17日广东省肇庆、佛山、广州等地出现了短时强降水、雷雨大风以及冰雹等强对流天气，灾害性天气累计造成 18 人死亡，超过 200 人受伤。

雷击

广东省是全国雷电灾害发生最多的省份，全年雷电日数最多达 180 天，雷州半岛就是因多雷电而得名。如 2009 年 6 月 3 日佛山一次雷击灾害就造成 5 人死亡、1 人受伤。

高温

高温酷暑集中在 7—9 月，连续高温对于珠三角现代化城市群的交通、用水用电、工农业生产以及人体健康影响很大。如 2004 年 6—7 月的持续高温，就造成 40 人中暑死亡。

干旱

春旱主要发生在南部，秋旱主要发生在北部。近年来干旱灾害呈加剧趋势，不仅直接影响农业生产，还造成了城乡饮用水短缺、生态环境恶化等问题。如 2004 年广东发生较严重的干旱，直接经济损失 16.4 亿元。

灰霾

随着经济高速发展，空气中污染物增加，近 10 年广东年平均灰霾天数达 53 天，2007 年全省平均为 67 天，珠三角达 148 天。灰霾天气因空气中有大量人体可吸入有害物质，易引起严重呼吸道疾病。近几年灰霾天数有下降的趋势，2012年全省平均降至44天，珠三角71天。

此外，在全球气候变暖的大环境下，广东的气候也明显呈现变暖的趋势，尤其珠三角地区更为明显。气候变暖主要造成广东省极端天气明显增多，旱涝频发，咸潮加剧，能源消耗增加。气候变暖导致的海平面升高对广东省沿海低海拔地区城市建设、经济发展和生态环境影响加大。

在中国气象局和历届省委省政府的重视下，广东省气象部门围绕经济社会发展和保障人民福祉安康，认真做好预测预报、防灾减灾、应对气候变化以及开发利用气候资源等工作。2012年，中国气象局和广东省政府在京首次签署备忘录，共同加快广东气象现代化试点省建设，广东气象现代化有序推进，气象软硬实力均有了显著提升，至2015年底，圆满完成备忘录预期目标，如期在全国率先基本实现气象现代化，整体发展水平达到中等发达国家以上水平。

2016年1月11日，中国气象局和广东省政府在广州签署新一轮合作备忘录，即：《全面推进气象现代化合作备忘录》，新一轮的备忘录将进一步强化气象工作在防灾减灾、公共安全、生态文明建设等方面的作用，确保广东到2020年建成"过硬的、经得起检验的"气象现代化，为广东实现"三个定位、两个率先"目标作出新贡献。

"大应急" 思维融入灾害治理

"正值国庆假期，有些部门防范不足，尤其是对建筑工地、户外广告牌等，需加强重视。"2015年10月3日21时30分，阳江市政府大院内的应急指挥中心会议室内一片忙碌，市领导和各相关部门负责人齐聚此地，指挥台风"彩虹"防御战。在大屏幕上，台风路径预报结论、各地防灾实景、灾害风险点滚动显示；在办公区，气象、三防、应急、水务等部门正通力合作；在信息发布区，值班人员不停地忙碌着，制作、审核、发布，一条条预警信息迅速发送到负责人手中。

高效有序的现场指挥，映射出阳江乃至整个广东近年来致力于突发事件预警信息发布平台建设取得的成效。广东将全省预警信息发布中心分为充分集约型、适度集约型、整合集约型三种建设模式。像阳江一样的充分集约型模式，整合了应急、三防、气象等多部门的预警信息发布业务，并在预警信息发布中心牌子上加挂政府应急指挥中心牌子，具备应急指挥中心和灾害治理指挥等功能，一改此前应急工作涉及部门众多、事务繁杂、环节繁冗的局面，将应急力量这块"好钢"，真正投入到防灾减灾的"刀刃"上。

目前，广东省初步建成了"横向到边""纵向到底"的省、市、县一体化预警信息发布体系。与"十一五"相比，"十二五"期间因气象灾害造成的经济损失降低了0.18%。

● 阳江模式
——打破利益藩篱，整合共享资源，实现预警信息发布"纵向到底""横向到边"

在一个90%以上的灾害由气象因素引发的地方，应急工作千头万绪，该如何展开？在广东，这是一个上至省领导，下至基层应急工作人员需要共同面对的问题。

阳江更感压力——地处广东西部沿海，既有山区，又有海洋，自然灾害频发，防灾减灾任务更重。

自2012年8月，广东省省长朱小丹在全省气象工作会议上提出"加快推进突发事件预警信息发布体系建设，建立统一发布的突发预警信息发布体系"后，阳江市委市政府开始谋篇布局。

熟悉地方机构设置的人都清楚，三防办、应急办、气象、水务、国土、消防等有多个部门、单位都参与突发事件应急工作。但长期以来，大多数机构"单打独斗"，信息在各部门间流通就要消耗很多时间。

广东省预警信息发布大平台，平日为"互联网+气象服务"窗口，启动应急时则为"互联网+大应急"平台，实现"平战结合"

阳江市副市长李孟志回忆，当初传递气象信息专报到各个部门，需要通过传真发送，每个部门各发一遍，遇到问题还要重新确认，重复发送。从信息制作完成，到确保各个部门接收到，起码需要七八个小时。各相关部门再以此为依据制定防灾减灾具体方案，又不知道要花多少时间。在灾害发生前分秒必争的关键时刻，这种浪费生命等不起。

如果能将这些环节整合起来，让应急相关工作人员都聚在一起办公，各类预警信息汇总在一套系统里统一发布，效率该有多高？这样的想法虽然美好，但实行起来却颇为不易。时任市委书记魏宏广顶住压力——这项工作既然有利于阳江的"大部制"改革，有利于防灾减灾需要，有利于百姓，就要果断去做。

为此，阳江市提出整合建立市、县预警信息发布中心的新思路，统一发布自然灾害、事故灾难、公共卫生事件、社会安全事件四大类突发公共事件预警信息。这份工作由市委、市政府全力推进,结合阳江实际,先后出台了一系列实施方案、实施意见、考核评价办法等多个政策性文件。市委、市政府主要领导及分管领导多次组织召开专门会议研究,并与省气象局的同志共同商讨预警信息统一发布工作。最终,阳江列作为广东省突发事件预警信息发布充分集约型试点进行探索,由省气象局派员驻点指导、市气象局牵头承办。

进行资源整合是为了什么?就是为了建立一套以人为本、预防为主、科学应对、高效有序的应急指挥系统。

在坚定的决心和果断的行动推动下,2013年3月15日,阳江市突发事件预警信息发布中心正式成立。阳江气象工作者边建边用、发挥效益。在此基础上,2014年8月26日阳江市成立了应急指挥中心,作为市政府直属公益一类事业单位,实现了应急、三防、气象及地震应急机构人员合署办公,其所有下辖县、乡镇也都相继对应急单位进行了整合。

通过市应急指挥中心的突发事件预警信息发布平台,全市实现"纵向到底"的省、市、县、镇四级互联互通,视频连线直通乡镇三防办乃至气象服务站,突发信息直达重点村;同时实现"横向到边"的业务格局,结合气象、三防、地震等部门网络基础,接入了公安消防、海事、海洋渔业、电力等部门的应急平台和视频监控。这一模式在广东被称为"阳江模式"。

种好一盆花远不如打理整个花园来得难。阳江市、县、镇应急力量被整合,给广东省级国家突发事件预警信息发布平台建设以及各地市提供了思路和经验。

目前,广东省已成立突发事件预警信息发布中心95个,占省、市、县(区)总数的90%,配备地方公益一类编制1156个。除了以阳江为典型的充分集约型,全省各地市、县级预警信息发布中心还分为适度集约型和整合集约型。其中,适度集约型整合应急、气象等部门预警信息发布业务，预警信息发布中心指挥区具备应急指挥中心功能；整合集约型授权发布气象灾害类突发事件预警信息和其他信息。

◆ "大应急"思维

——打破思维定势，打造防灾减灾"一张网"，让所有突发预警"报得早、审得快、发得出、传得畅、收得到、用得好"

"各部门整合，对阳江很管用，也有着现实需求。阳江市应急指挥中心建设符合全省'大应急'思想，要把所有涉及公共安全的部门整合起来，资源要整合共享，部门相互之间要有统筹和协调，要有引领高效的机制。在防灾减灾，特别是应对天灾方面，阳江要为全省创造经验。"广东省省长朱小丹在通过省气象局应急指挥车与阳江市市长丘志勇视频通话时这样说。

的确，广东省、市、县，由当地政府牵头推动的突发事件预警信息发布平台边建设边发挥效益。而形成这种如火如荼的局面，并非一日之功。长期以来，作为应急工作的"上游"，气象部门肩负着制作、发布预报、预警，并将其发送到相关负责人和民众手中的责任，有相对完善的预警发布技术和垂直管理体系，但要让所有的突发预警"报得早、审得快、发得出、传得畅、收得到、用得好"，需要集合各部门之力，做好事权划分，打破思维定势，转变发展思路。

几年来，广东省气象局领导开展了持续的宣讲发动、试点带动、督导推动工作，深入基层督导近 500 次，全省气象干部职工逐步形成了从突发事件预警发布向给力灾害治理转变的服务公共安全意识，入脑入心，很快就转化为实际行动。

2016 年 3 月 12 日，作为广东气象现代化的标志性成果——珠江三角洲中小尺度气象灾害监测预警中心正式投入业务运行。在这里，多个部门的所有应急业务流程集约在同一个大数据平台上，被称为"一张网"；

值班员轻点鼠标,便可在高分辨率 GIS 地图上调出包含灾情实况、天气预报、危化品场所、人口密度等信息,被称为"一张图"。

"一张网"网罗了有关公众安全福祉所有细节,包括精细化到逐 6 分钟、3 千米的 19 000 多个网点的气象预报,也包含下游 1047 个乡镇气象服务站和多种信息发布终端。两年间,这张网被工作人员升级了 34 个版本,改变了过去气象预报分级制作、层层下发、三级订正的业务体系;"一张图"接入了海事、安监、民政、国土、水利、卫生、地震、消防、武警等相关部门的防灾减灾数据,使得突发事件灾害影响一目了然。

阳江市多部门通过突发事件预警信息发布中心开展联动

这也是上下贯通、左右衔接的网和图,省级平台上接国家突发事件预警信息发布系统,下接全省各市、县级平台,各级平台功能逐步完备。很多地方初步建成具有灾害监测预警、灾情综合分析、影响区域精确圈选的应急指挥决策辅助系统,与预警发布系统数据无缝对接,为应急决策指挥提供有力支撑。

承载了全省防灾减灾之重的这张网,让广东应急工作发生了 1+1>2 的质变。

"阳江任何地方发生突发事件,我们都可以直接指挥到现场。"阳江市应急指挥中心(预警信息发布中心)常务副主任朱江文说,"通过与二三十个成员单位对接,我们能迅速对口找到最佳解决方案。"能够实现预警信息5分钟内靶向式覆盖,留给相关部门启动应急预案的必要时间宽裕了很多。阳江供电局负责人说:"当台风来临时,通过应急指挥平台整合各种通信网络,我们可以看到现场画面,迅速定点抢修。如果发电车遇到交通堵塞了,应急指挥平台还可联系交通部门协调疏通。"

在湛江市遂溪县应急指挥中心,通过转动指挥大厅操作盘上的手柄,就可以调整放大三防、海洋、渔业等部门设立在灾害隐患点的视频监控,通过突发事件预警信息发布平台的大屏幕,码头、渔港、水库等重要位置的水情得以在第一时间以最直接的方式呈现在指挥者面前。

在雷州市,突发事件预警信息发布中心与应急指挥中心建设更进一步,全市21个镇(街)均设立了应急指挥分中心。通过充分整合各镇(街、乡)气象服务站、三防办现有的场地、人力、设施等各项资源,这些镇(街)应急指挥分中心均具有"一间办公室、一条网络专线、一套计算机设备、一套农村气象预警广播系统、一块气象预警信息电子显示屏、一个信息反馈渠道"。作为组织群众转移避险的中坚力量,乡镇政府不用"跑腿"接收"上级指示",在镇服务站就可第一时间获悉领导部署,转移人员的时间因而变得宽裕起来。

再往基层深入,来到行政村,大喇叭是预警信息突破"最后一公里"的有力武器。在雷州市附城镇土角村,气象预警大喇叭高耸在村两委办公楼顶。天气预报、预警信息以普通话和当地方言分别播放。村委会节省出挨家挨户通知的时间,更能确保沿海村民安全避险。

建设"应急管理+互联网"平台
——将"大应急"打造成灾害治理的"金字招牌",任重道远

从当前形势看,突发事件预警信息发布平台建设真正让广东省气象

预报预警从"参谋"向"参谋长"转变。作为四类突发事件中自然灾害中发生最多的灾种,气象灾害的应对发生了质的变化。气象灾害以及由气象灾害引起多种灾害的预案建设也都提上建设日程,各部门联动将有法可依,群众也会知道收到气象预警后应该做什么。

2016年1月24日,春运第一天,近年罕有的强力寒潮侵袭广东,各地日平均气温下降8℃至10℃,大雨、暴雨、雨夹雪乃至冰冻天气接连而至。对比2008年应急体系刚刚搭建、应对低温雨雪冰冻灾害的大考,广东的答卷分数明显提高了。

各地应急指挥中心和突发事件预警中心迅速行动,通过突发事件预警信息发布平台一键式发布当地寒潮预警。面向全省21地市公众及相关负责人的短信随之发出;"近年来最强寒潮将袭击广东"预警信息通过腾讯弹窗提示5次、"今日头条"推送新闻阅读量超60万次;在广东颇为流行的"无线广东"app、"美天天气"app均发布启动寒潮应急预警信息;电视滚动字幕显示、报纸突出位置提示、电台反复插播报道,关于寒潮的消息迅速传遍这片土地。

各级各部门立马展开行动——2008年火车站人满为患的场景并未出现,取而代之的是井然有序的出行情景和贴心服务带来的温馨暖流;没有发生大范围的停电,电力应急保障队伍早就做好了防范;各地养殖户也没有遭受重大损失,村委会一早就提醒他们采取保温措施。

在韶关高速公路指挥中心,广东省交通厅副厅长刘晓华对气象应急现场保障组说:"省气象部门提前预报预警寒潮,给我们开展恶劣天气的春运工作争取了充足的时间,精细化预报和周到贴心的服务值得我们感谢。"在清远市佛冈县,16个部门快速反应,流浪人员、孤寡老人和幼儿得到及时救助,最终该县直接经济损失不到2008年雨雪冰冻天气损失的5%。

数据不会说谎,应急指挥中心为各地带来的是看得见摸得着的防灾减灾效益。这种通过部门整合带来的实际效益,又反过来推动各部门的进一步深化整合。阳江市阳西县应急指挥中心在应对2015年台风"彩虹"工作中有出色表现,尤其是信息更新迅速及时,相比之下水文站的资料更新就有些迟滞落后。应急工作告一段落后,水务局主动找到平台负责人,要求进驻,与各部门共享自己的监测数据。每个部门的优势,就这样通过应急指挥平台发生化学反应,转化成防灾减灾的有效合力。

新丰县通过突发事件预警息发布中心人防指挥系统暨综合应急平台与乡镇联动

"大应急"建设虽已初见成效,但远非完美无缺。一方面,突发事件形势不断严峻,另一方面,如果所有种类的突发事件预警都能落实成切实有效的预案行动,广东省应急工作才算真正发生嬗变。

站在"十三五"开局之年,"大应急"正向着树立品牌、扩大影响的方向努力。气象部门需要携手相关部门,在政府主导下,不断努力向前。

在阳江,市委、市政府正着手打造全省一流、全国先进的"大应急"平台,努力做好"应急管理+互联网"工作,完善应急指挥系统,利用卫星通信确保"永不失联"、布设大型无人机监控突发事件等工作均已写入日程。

放眼整个广东,部门高度整合的应急指挥模式仍将继续推进,相关单位信息资源共享程度仍有较大的提高空间。"大应急"能否打造成为灾害治理的"金字招牌",还需要政府的信心与决心,集应急、三防、公共安全为一体的灾害治理"一张图"正在努力构建。

筑牢防灾减灾第一道防线
——广东防范台风"妮妲"气象服务纪实

卫星云图上的它,睁着圆圆的"大眼眸",看不出几分威胁;现实中的它,却带着强风、暴雨、巨浪、狂潮等"组合拳",直奔广东珠三角地区而来。

它就是8月2日03时35分在广东省深圳市大鹏半岛登陆的2016年第4号台风"妮妲",是当年登陆广东的首个台风。

人口众多、经济发达、灾害风险高……珠三角地区是广东防范台风"最要害"的地区,防灾减灾容不得"闪失"。面对严峻形势,在中国气象局和广东省委、省政府坚强领导下,广东省气象部门运用气象现代化成果,严密监测、精细预报、靶向预警,用精准的气象预报预警服务,筑起防抗台风的第一道"防线"。

◆ 超前启动决策服务 为防范部署赢得先机

7月29日,菲律宾以东洋面的热带云团尚在酝酿中,台风还未露出端倪。

"24小时内菲律宾东部洋面将有台风生成。"当天下午,一份《重大气象信息快报》被送到广东省委、省政府领导手中。该快报指出将有台风生成并将正面袭击广东。

热带低压尚未形成，就超前启动针对台风的决策气象服务——在广东，这并不多见。正是这一信息，引起省委、省政府高度重视。省领导当日即在该快报上作出有关防御台风部署的批示，全省台风防御工作随之展开。

7月31日，广东省委书记胡春华、省长朱小丹多次针对防御台风作出指示，要求全省各地各部门按照习近平总书记关于做好当前防汛抗洪抢险救灾工作的重要指示要求，全力做好防御抗击台风工作。中国气象局局长郑国光要求气象部门加强监测、准确预报、提前预警。广东省副省长邓海光多次作出批示，在异地视频会商会议上强调要迅速行动，全面落实各项防御工作。

"'妮妲'将达到强台风级，最有可能在珠江口两侧登陆。"7月31日，省气象局党组副书记、副局长庄旭东向省领导汇报最新预报，并给出10级大风区和12级大风区、暴雨和大暴雨分布等精细化预报。

在台风一步步逼近广东沿海、防御工作进入紧要关头的时刻，气象部门对预报结论的笃定，为决策者有针对性地部署防范工作提供了关键依据。

根据气象预报，省委书记胡春华于8月1日赴东莞、深圳，现场检查台风防御工作。在深圳大沙河河口水闸，胡春华要求高度重视防浪防潮，切实做好城市排涝疏导工作，确保城市正常运行。1日晚，省长朱小丹先后赶赴佛山、中山、珠海等市"三防"指挥部，指导防风抗风和抢险救灾工作。

8月1日17时，省政府发出切实做好台风"妮妲"防御工作的紧急动员令，受台风直接影响的地区采取停工、停课、停运、停市、停业等"五停"防风应急措施。

◆ "一键式"靶向发布信息 精准服务特定地区特定人群

"我们买了沙包回家准备堵门防风，又备好了食品，一家三口待在家里，不外出了。"8月1日，广州市荔湾区市民刘丽帆刚一收到台风预警短信，就张罗着全家行动起来。

刘丽帆收到的信息，发自于广东省突发事件预警信息发布系统。作为中国气象局与广东省政府共推的气象现代化试点建设成果，广东96个各级突发事件预警信息发布中心在本次防范台风气象服务中充分"亮剑"。

"妮妲"登陆前博贺海洋气象观测平台巡检

"通过各级预警中心平台，全省各县市每隔一小时都会向相关应急责任人发布一次短信。"省突发事件预警信息发布中心主任张毅说。截止到8月2日6时，198万条决策短信通过各级突发事件预警信息发布系统送达基层应急责任人。

除了力求预警信息发布的广覆盖外，广东省气象部门更注重精细化的"靶向预警"。"靶向预警即面向特定地区、特定人群，精准发布不同的预警信息。"张毅说。"距离大亚湾不到100千米，风力13级！"8月2

日 1 时，紧盯台风动态的突发事件预警信息发布中心预警员马泽义心中一惊——大亚湾石化区的海潮应急压力大，是这次防范台风的重点区域。"妮妲"强势袭来，恰逢天文大潮，强降雨与高潮位叠加，惠州市沿海地区极有可能出现明显风暴增水。

马泽义当即拿起鼠标，在应急指挥决策辅助系统中醒目的红色斑点上，轻轻一圈，选中大亚湾和惠东沿海 19 个乡镇，点击发布靶向预警。预警信息迅速传递到这些地区的学校、工地隐患点、危化场所、行政村的 800 余名安全责任人手中，提醒尽快做好风暴潮防御工作。在收到预警信息后的短短两个小时内，这些地区转移人口 4.2 万余人，23 家石化炼化企业停产。

同样作为省部共建的气象现代化建设成果，区域数值天气预报实验室研发的南海台风模式，为此次准确预报提供了强有力的科技支撑。从 7 月 30 日"妮妲"编号起，这一模式就将登陆点预报稳定聚焦在珠江口东侧沿海地区，其间 24 小时、48 小时预报路径误差分别仅有 54 千米和 89 千米。

● 各部门应急措施无缝对接 在高效联动中凝聚力量

"本来还准备出海捕鱼，幸好听到船上广播中的台风预报，赶了回来。"8 月 1 日下午，深圳渔民老陈一边安置船只一边说。在他身后的海湾中，一艘艘渔船整齐排列，渔民们纷纷赶在台风登陆之前回港避风。

面对台风威胁，在各行各业从容应对的背后，是各部门应急预案的无缝对接和防范措施的高效联动。

7 月 31 日，在省防总组织下，多部门在省突发事件预警信息发布中心联合召开新闻发布会，通过媒体，台风预报、防御知识等信息广为传播。省气象局与省政府应急办联手，通过省突发事件预警信息发布系统，面向广州、深圳等 17 市公众全网发布 1.4 亿条预警信息。

省水利部门加强水库河网防洪调度和预泄预排,民政部门做好物资保障、及时开放应急庇护场所,国土部门加强地质灾害隐患巡查……台风红色预警就是命令,各部门积极行动,应急工作有条不紊地展开。广东省渔船休渔期原定于8月1日结束,根据气象信息,省海洋渔业部门推迟了休渔开捕时间。7月31日下午,在南海东北部、东沙群岛、巴士海峡、台湾浅滩及海南岛和雷州半岛以东海域的所有渔船全部回港避风,鱼排养殖人员全部上岸避险。

而在台风登陆点深圳,气象部门自1994年开始发布预警信号以来,首次对外发布台风红色预警信号。全市防台风和防汛一级紧急响应从8月1日17时开始启动,停工、停业、停市、停课"四停"措施全面施行。8月1日,深圳列车临时停运160趟次,取消航班100班次。同时,全市463个避险中心全部开放,在市减灾救灾联合会和灾害社工志愿服务队协助下,民政部门共疏散撤离公园及低洼地区域人员8000余名。

根据《广东省气象灾害防御条例》,发布了台风黄色以上级别预警信号的67个市县均在台风登陆前停课。截至2日8时,全省各市县气象局先后启动台风应急响应205站次,共发布台风预警信号237站次。

上海市气象局说气象现代化建设

走近上海市气象局

上海市气象局是上海行政区域内气象工作管理机构，驻地为上海市徐汇区蒲西路166号。上海市气象局实行中国气象局和上海市人民政府双重领导、以中国气象局领导为主的管理体制，根据授权承担本行政区域内气象工作的政府行政管理职能，依法履行气象主管机构的各项职责，承担中国气象局华东区域气象中心的协调职能。

1949年5月，中国人民解放军上海军事管制委员会接管上海气象台，1950年12月又接管了法国天主教会的徐家汇观象台并将其中的气象部门与上海气象台合并。1952年8月上海气象台直属华东军区司令部气象处领导。1953年8月上海气象台随同全国气象部门由军队转建为地方政府领导。1954年1月上海气象台更名为华东区上海海洋气象台，同年11月扩建为中央气象局上海中心气象台，直属中央气象局领导。1956年5月经国务院批准成立上海气象局，归中央气象局和中共上海市委、市人民委员会领导，以中央气象局领导为主，统一管辖江苏、浙江、上海两省一市的气象工作。1958年8月撤销上海气象局，上海中心气象台归上海市人民委员会和市委农村工作部领导。1959年4月，上海市气象局成立，由上海市人民委员会和中央气象局领导，以上海市人民委员会领导为主。1970年9月，国务院、中央军委发文规定，气象部门归军队和地方双重领导，以军队领导为主，上海警备区派军代表主持上海市气象局工作。

1973 年 8 月，成立中共上海市气象局委员会，由上海市革命委员会建制领导。1978 年 4 月，中共上海市委重新任命了上海市气象局的领导班子，局党委改设局党组。1983 年 1 月，上海市气象局改属国家气象局和上海市人民政府双重领导，以国家气象局领导为主的管理体制，直到现在。

上海气象现代化建设发展历程

- 1872 年，徐家汇观象台正式成立，开始了连续 140 余年的气象观测。
- 1959 年，经上海市人民委员会报请国务院批准，上海市气象局正式宣告成立，统一领导上海市气象台站。
- 1988 年，上海成立全国最早的区域气象中心，成为上海区域气象通信枢纽。
- 2003 年，上海在全国率先全面完成了郊区大气探测自动化、预报会商可视化、信息服务网络化。
- 2005 年，上海市政府与中国气象局率先建立部市合作机制，成为国家气象事业与地方经济社会发展紧密结合共同发展的重要机制创新。
- 2010 年，圆满完成了上海世博会开幕式等重大活动的气象保障，实现了"城市让生活更美好，气象让世博更精彩"的承诺。
- 2011 年 10 月，中国气象局确定上海为率先实现气象现代化试点单位。
- 2011 年 11 月，中国气象局和上海市政府达成共识，确定共同推进上海率先实现气象现代化工作。
- 2012 年 6 月，上海市政府和中国气象局召开第四届部市合作联席会议和上海市气象工作会议，7 月联合印发了《关于加快推进上海率先实现气象现代化的实施意见》，标志着上海率先实现气象现代化的各项工作全面启动。

● 2015 年 4 月，中国气象局和上海市政府召开第五届部市合作会议，总结现代化建设两年来的工作进展，部署到 2016 年的奋斗目标和两条主线的发展战略。

● 2015 年 6—9 月，中国气象局和上海市政府共同组织开展上海率先实现气象现代化阶段性综合评估。

● 2016 年 4 月，召开上海率先实现气象现代化总结暨"十三五"发展启动会，宣布率先实现气象现代化的阶段性任务。

2012 年 7 月，中国气象局和上海市人民政府联合下发了《关于加快推进上海率先实现气象现代化的实施意见》，上海气象部门紧紧围绕上海经济社会发展和建设社会主义现代化国际化大都市目标，服务"四个中心*"建设，全面推进率先实现气象现代化，较好地完成了 2016 年率先实现气象现代化的阶段性任务。

四年来，上海市气象局以中国气象局和上海市政府双重领导机制为保障，以部市合作机制为平台，以部市合作重点项目为抓手，探索出"政府主导、部门主体和社会参与"的多元化推进机制，有效提升了气象现代化建设的力度，拓宽了气象现代化服务的广度。

四年来，上海市气象局全面推进以业务技术突破为核心的科技能力现代化，瞄准国际先进水平，创新驱动，转型发展。进一步完善综合观测系统，在全国率先实现地面气象观测自动化，建立国际一流的综合观测体系。按照"信息化、集约化、标准化"的目标和要求，建立完善市区两级一体化综合业务体系。围绕"数值预报＋"理念，创新体制机制，开展核心技术攻关，实现关键领域核心技术突破，在 1km 区域高分辨率数值预报模式研发中取得突破。面向城市应对气候变化新需求，探索攻

---

* 四个中心：国际经济中心、国际金融中心、国际贸易中心、国际航运中心。

关途径,加强上海城市气候变化应对重点实验室建设。

四年来,上海市气象局全面推进以法治保障为依托的社会服务现代化,抓住"牛鼻子",以点带面,全面深化气象改革。推进自贸区气象服务市场管理改革试点,率先建立符合国际化和法治化要求的气象服务市场管理体系。推进区域数值预报科技创新体制改革试点,建立完善以科学家为主体的气象科技攻关机制、区域协同创新机制、人才激励机制。加强气象服务市场监管能力建设,探索建立"有标准、有制度、有机构、有系统"的气象服务市场监管体系,形成内部纵向整合,外部横向联合,管理信息融合的气象服务市场监管机制。加强气象地方立法和标准化工作,提升气象社会管理法制化水平。

四年来,上海市气象局以服务国家战略为己任。立足中国气象现代化统一布局,积极推进国家级气象备份中心、区域高分辨率数值预报中心、长三角环境气象预报预警中心、海洋与台风气象预警中心以及气象卫星遥感应用中心建设,力争为中国气象现代化做出更大贡献;牵头编制《长江经济带气象保障协同发展"十三五"规划》,为保障长江经济带发展战略谋篇布局;与中国商飞集团试飞中心共建试飞气象工程研究中心,为中国制造 2025 加油护航;大力发展远洋气象导航,为服务海上"丝绸之路"战略提高能力;牵头气象信息服务市场监管体系建设和气象信息服务市场标准体系建设,探索新型数值预报创新机制,为中国气象事业深化改革、全面推进气象现代化提供可复制、可推广的制度借鉴。

上海气象现代化工作回顾

自 2012 年中国气象局和上海市政府共同印发《关于加快推进率先实现气象现代化实施意见》(沪府发〔2012〕54 号)以来,上海气象现代化稳步推进。市政府发展研究中心独立评估结果显示,截至 2015 年,上海气象现代化综合得分为 95.5 分。在中国气象局省级气象现代化指标评估中，上海排名第一。目前，上海深化改革推进气象现代化的效益正在逐步显现，在保障上海城市安全，服务经济转型发展，满足人民生活需求等方面取得了较好的社会和经济效益。气象为上海建设"四个中心"、建成具有国际影响力的科技创新中心、建成中国特色社会主义国际大都市的服务和保障能力得到了进一步的提升。总结近四年上海气象现代化建设工作，主要取得了以下四方面明显进展。

一是城市安全运行保障能力得到提高。四年来，上海市成功应对了"海葵"台风、"菲特"台风、2013年重度雾、霾天气及历史罕见的极端高温、2015年"6·17"特大暴雨等重大灾害性天气。在极端气象灾害多发频发的情况下，人员伤亡和经济损失逐年递减。市突发事件预警信息发布体系进一步健全，在气象灾害应对、食品安全、大客流控制等方面积极发挥作用。

二是民生服务水平有效提升。上海市气象与经济生产行业紧密度为86%，专业气象服务认可度达93分，公众服务满意度2015年达近年来最高。先后推出空气质量AQI预报、绿叶菜气象灾害指数保险等新型服务，服务民生的气象产品增加到20多种。气象部门与防汛、农业、教育、民政、交通、卫生等部门合作联动机制进一步完善，形成一套专业有效的经济社会活动保障体系。圆满完成"亚信峰会"等重大活动气象服务保障任务，上海迪士尼精细化气象服务已做好各项准备。

三是服务国家战略领域不断拓展。上海长期肩负中国气象事业发展排头兵的重任，在现代化推进过程中，承担了数十项改革发展试点任务，多项创新成果在全国示范推广。我们主动服务国家"一带一路"战略、"长江经济带"建设和中国制造2025规划，积极开拓远洋气象导航业务，围绕区域经济发展牵头制订气象服务5年规划，联合建设试飞气象工程研究中心为大飞机制造提供保障。

四是国际参与度和影响力不断增强。越来越多的学术交流和国际合作项目，让上海成为城市防灾减灾和气象服务的国际示范地。多灾种早期预警系统在全球推广应用。与欧美多家科研机构、高校开展长效合作，建立了气候变化等领域国际高端智库，承担多项世界气象组织示范项目，使得上海始终紧跟世界气象科技的前进步伐。

● 推进气象现代化的主要做法

在中国气象局和上海市政府的指导支持下，上海市气象局以政府推进为主导，以国际先进为标杆，以开放融合为途径，坚持气象科技能力现代化和气象社会服务现代化两条主线并举，探索出一条"上海风格、中国气派、世界水平、科技引领"的中国特色上海气象现代化之路。重点做了以下5方面的工作：

坚持政府主导，建立气象现代化协同推进机制

形成了以部市合作机制为依托，政府主导、部门合作、社会参与的气象现代化协同推进机制。这是上海气象现代化持续发展的根本保证。一是深化部市合作，健全决策协调机制。中国气象局和上海市政府于2012年、2015年先后召开两届部市合作会议和全市气象工作会议，为上海率先实现气象现代化确定了方向、明确了目标、制定了路线图。4年来，市财政经费到位2.89亿元，共批复6项气象现代化重点工程，落实经费近2亿元。全市9个区县政府均与市气象局建立了区局合作制度。4年来，各区县设立气象现代化建设项目16个，总投资近3亿元，基层气象现代化得到较大发展。二是加强工作督查，健全常态化推进机制。中国气象局领导高度重视上海气象现代化工作，先后9次赴上海实地考察指导。形成了局领导每半年听取一次专题汇报，中国气象局现代办每月检查一次工作进展的推进机制。上海市政府领导先后6次专题研究指导，形成了市政府常务会研究决策，全市气象工作会议整体部署，市政府办公厅督察督办，各委办局共同落实的工作机制。"上下协同、左右联动、

齐抓共管"的工作推进机制日益完善。三是创新第三方评估,健全阶段性总结机制。中国气象局和上海市政府共同领导,并委托市政府发展研究中心作为独立第三方开展评估,有效提高了评估的客观程度和社会认可度。根据气象现代化重要目标节点,已经完成了两次综合评估工作。

坚持国际对标,确保上海气象现代化高水平发展

上海形成了以国际大城市先进水平为标杆,既重问题导向,补齐发展短板,又重厚植上海优势的气象现代化目标体系。一是聚焦发展质量和效益,找准关键短板。通过对标与欧美、日本、中国香港等国家和地区气象现代化核心技术的差距,确定了区域高分辨率数值预报、强对流天气监测预警、影响预报和气象风险等核心技术优先发展领域。二是借鉴国际先进科技创新制度,厚植上海优势。加强区域协同创新,众筹设立华东区域气象科技联合创新基金,搭建区域科技资源共享及科技成果转化平台。创新气象科技众创机制,与华东师范大学、同济大学、复旦大学组建上海气象科技联合中心。三是积极开展国际交流,引入国际资源。创新国际专家咨询和评估机制,建立数值预报国际专家咨询委员会。通过开展17项双边(地区)合作项目,在数值模式、台风预报等领域引进了一批世界先进技术和方法。

坚持以业务技术突破为核心,推动气象科技能力现代化

科技能力现代化是上海气象现代化两条主线之一。上海形成了以区域高分辨率数值预报为核心技术突破口,带动气象业务现代化全面升级的发展路径。一是以区域高分辨率数值预报科技创新为突破口,健全气象科技创新体系。组建区域高分辨率数值预报创新中心。建立以首席科学家为核心的科技创新机制,推出科技人才高地、科技创新团队、国际访问学者、科技成果转化、岗位贡献考核等一整套科技人才激励机制。科技创新活力得到充分激发,三维湍流参数化方案改进、次网格云参数化发展等部分核心技术取得突破。积极推进"数值预报+"创新工程，台风海洋、环境气象、交通、航空、健康等领域影响预报和风险预警核心技术能力得到提升。二是以精细化预报能力提高为着力点，完善综合气象业务体系。形成了由平均间距 5 千米的自动气象站、2 部多普勒天气雷达、10 部风廓线仪和 10 个大气化学观测站共同构成的综合立体气象观测网。基本建成雷电、农业气象、交通气象等专业观测网。率先开展了火箭弹探测台风试验和长三角观测系统适应性布局试验。建立了精细化格点预报业务，24 小时晴雨预报、台风路径预报准确率及强对流预警时效等已经达到率先实现现代化的阶段性目标。三是以信息化、集约化、标准化为目标，构建一体化业务平台。实现气象数据资源整合和集中部署。建成统一标准数据库、综合气象业务网和公众气象服务网。建成环境、健康、海洋等专业预报制作平台。一体化业务平台获 ISO9001 质量管理认证。

坚持以法制保障为依托，推动气象社会服务现代化

社会服务现代化是上海气象现代化的另一条工作主线。上海形成了完善气象法治环境，引入社会资源，多元化提高气象服务现代化水平的发展路径。一是深化部门合作，拓展气象服务领域。气象现代化是多部门合作的共同成果。上海市已建立气象灾害防御部门联动机制、极端天气内部通报机制，有效提升城市防御气象灾害的风险管理能力。气象部门与市应急部门合作建立突发公共事件预警发布中心，制定《关于本市应对极端天气停课安排和误工处理的实施意见》，与环保部门联合开展空气质量预报，与卫生部门合作开展健康气象服务，与农业部门共建农业气象中心，开展直通式为农气象服务。二是引入社会资源，丰富气象服务供给。气象部门联合阿里、腾讯、东方网、经信委等共同打造气象大数据应用众创平台。联合教委、华师大建设大学生创业实践基地。推进中国气象服务协会与中国保险学会在沪设立气象保险实验室。引入社会

资本成立国有控股的混合所有制专业气象远洋导航企业,积极参与国际竞争。由气象爱好者、气象志愿者、市民监督员、气象信息员共同构成的气象"生态圈"不断壮大。三是健全气象法治,优化气象发展环境。上海市气象部门制定并发布权力和责任清单。积极开展行政审批制度改革,先后取消审批事项 19 项,下放审批事项 1 项。出台《上海市气象信息服务单位备案管理办法》和《上海市气象信息服务企业信用管理暂行办法》。形成了部门内垂直整合、部门外横向联合、管理上信息融合的气象服务事中事后监管体系。

坚持开放融合,把现代化融入国家战略加以推进

上海形成了厚植开放优势、全面融入发展的气象现代化发展格局。一是积极融入上海经济社会发展大局。气象现代化正有效融入上海科技创新中心建设,气象科技创新已成为上海科技创新的组成部分。气象现代化有效融入城乡发展一体化进程,基层气象服务和气象灾害风险管理能力得到不断增强。气象现代化有效融入智慧城市建设,气象服务智能化水平日益提高。气象现代化有效融入自贸试验区建设,一批自贸区气象改革试点成果已在全国气象服务市场监管体系建设中得到推广。二是主动融入服务国家战略大局。上海积极推进国家级气象业务应急备份中心、区域高分辨率数值预报创新中心、长三角环境气象预报预警中心、海洋与台风气象预警中心以及气象卫星遥感应用中心建设,服务中国气象现代化的水平有效提高,服务国家战略的能力不断提升。

上海率先实现气象现代化取得的成绩,是中国气象局和上海市委、市政府正确领导,各区县政府、各有关部门和单位大力支持,社会各界积极参与的结果。也是全市气象工作者坚持融入意识、作为意识、创新意识、开放意识,辛勤工作的结果。

在总结成绩的同时,我们也清醒地认识到,当前上海气象工作还

存在一些问题和不足：一是气象核心技术突破力度有待进一步加大。台风风雨预报、短时强对流天气的监测预报等方面，还缺乏有效的技术手段。二是气象监测预报的精细度和准确度尚需提升，与世界先进水平还存在一定差距。三是部分领域气象资源整合程度不高，信息共享还需进一步加强。四是一些领域气象服务方式和机制尚需完善，气象信息服务市场化程度需要提高。五是气象保障管理体制和投入方式有待完善。

加快上海气象事业"十三五"发展，建设更高水平的气象现代化

"十三五"时期是我国全面基本实现气象现代化的决定性时期，是上海基本建成社会主义现代化国际大都市，在更高水平上全面建成小康社会的重要时期，是国际气象技术创新进一步突破和气象服务全球化的快速发展时期。到2020年，要全面建成适应需求、结构完善、功能先进、集约高效、保障有力，与上海国际化大都市相适应的气象现代化体系，整体实力迈入国际先进行列。同时要承担起两个历史性任务，一是要为上海建设具有全球影响力的科技创新中心提供支持，为上海建设社会主义国际化大都市提供服务保障。二是要服务国家战略，继续发挥上海气象现代化在全国的引领作用。因此，必须进一步聚焦"两条主线"，坚持"五个融入"，集中精力补短板，坚持不懈抓创新，千方百计提高核心预报技术能力，大力发展"智慧气象"，不断提高气象发展的质量和效益，不断提升城市气象防灾减灾和气象综合服务保障能力。

要适应新形势，满足新要求，上海就必须建设更高水平的气象现代化。这是上海气象现代化发展的根本要求，也是"十三五"气象事业发展的主要任务。中国气象局和上海市政府高度重视"十三五"气象现代化发展工作，认真研究并发布了《上海气象事业发展"十三五"规划》。我们要以落实"十三五"气象事业发展规划为抓手，全力推进上海建设

更高水平的气象现代化。

坚持以五大发展理念为根本遵循,全面履行两大历史使命

上海建设更高水平的气象现代化必须以创新、协调、绿色、开放、共享的发展理念为根本遵循,做到创新发展的动力更强,协调发展的水平更高,绿色发展的保障更优,开放发展的活力更足,共享成果的效益更好。"十三五"期间,上海必须把握好上海风格、中国气派、世界水平、科技引领的中国特色上海气象现代化发展道路,必须坚持好"以业务技术突破为核心的科技能力现代化"和"以法治保障为依托的社会服务现代化"两条发展主线,必须保障好上海生态环境和城市安全两条工作底线。力争到 2020 年,实现全面建成创新驱动、智慧高效、结构完善、功能先进、保障有力的气象现代化体系,综合实力迈入国际先进行列的发展目标。努力履行好"为上海科创中心建设做出贡献,为上海国际化大都市做好保障"和"为国家战略做好服务,为全国气象现代化发挥示范引领作用"这两大历史使命。

坚持以提高发展质量和效益为根本要求,全面完成六项建设任务

上海建设更高水平的气象现代化,必须以提高发展的质量和效益为根本要求,努力做到天气预报准确率明显提高,气象灾害风险管理能力全面增强,公共气象服务能级大幅跃升,核心业务技术创新实现重大突破,气象信息化水平显著提高,气象依法治理体系更加完善。重点落实好六方面建设任务。一是加强监测预警,提升气象灾害风险管理能力。增强城市气象综合观测能力。完善城市综合观测系统,发展气象智能观测体系,提高观测系统稳定性。提高灾害性天气影响预报和风险预警能力。全面推进影响预报业务,完善与用户决策相融合的风险预警服务系统。推动气象与交通、农业、旅游、保险行业信息深度融合。提升预警信息发布能力,提高预警信息精细化水平,增强预警信息的及时性、便捷性。提升城市气候服务能力。加强10～30天延伸期气候预测能力建设，建立与用户互动的城市气候服务平台，加强适应气候变化策略研究。二是优化服务体系，增强公共气象服务能力。提升民生气象服务水平。加强霾、空气质量、重污染天气预报预警服务，完善健康气象服务系统。推进城乡气象服务一体化。完善街镇气象信息服务体系，制定社区气象防灾减灾标准，推动气象安全社区建设。增强专业气象服务功能。促进气象服务与海洋、河道、电力、大飞机制造、金融保险等产业融合发展，着力提高气象服务的社会效益和经济效益。提升气象防灾减灾科学知识普及率。打造一批具有特色的全国气象科普示范学校、社区。三是坚持创新驱动，提升核心业务技术能力。加快数值预报核心技术创新，使数值预报模式性能接近或达到国际同类模式先进水平。着力研发资料融合技术。推进气象信息向大数据汇聚、分析和服务方向转变。发展基于数值预报的应用技术。改进强对流、台风、海洋、环境等预报技术。推进气象科学试验。强化气象人才体系建设。创新能力和国际化程度在全国气象部门保持领先，并接近世界先进水平。四是聚力数据综合应用，提高气象信息化水平。强化气象信息化基础设施建设。建立气象云平台，增强业务、科研高性能计算机能力。建设气象数据中心。加速气象服务互联网化转型。打造便捷高效的智慧气象服务体系。发展个性化气象服务。五是完善法治保障，推进气象服务社会化。健全气象法规制度和标准体系。加快气象灾害风险防控等领域的标准编制。深化上海自贸试验区气象服务市场管理体制改革。建立与市场机制相适应的气象服务体系，建立气象服务市场综合治理机制。构建多元气象服务格局，充分调动社会资源，推进政府购买服务。发展气象服务社会组织。发展气象行业协会，支持基层防灾减灾社会组织，扶持社会志愿者群体。促进气象信息服务产业发展。加快制定法规、政策、标准及市场运行规则，有序开放气象公共数据资源，支持自主知识产权技术创新。六是强化开放合作，服务国家气象发展战略。增强气象服务辐射带动能力。共同构建长江经济带协同互利机制,落实海洋气象保障布局。协调区域气象联动发展。深化华东区域气象灾害联防联动机制,推进区域科技协同创新。加快专业气象中心建设。发挥区域数值预报创新中心、气象卫星遥感应用中心、长三角环境气象预报预警中心,海洋与台风气象预警中心和国家气象业务备份中心功能作用。

坚持以部市合作为根本保障,全面激发政府主导、部门合作、社会参与的气象现代化发展合力

上海建设更高水平的气象现代化,必须以部市合作为根本保障,进一步健全政府主导的多元化气象现代化发展格局。一是深化部市合作。统筹国家和全市资源,稳定各级财政对气象事业的资金投入,提高气象事业发展公共财政保障率。依托部市合作机制,落实好重点建设项目。二是强化政府主导、部门合作、社会参与。各级政府健全气象现代化督查和考核制度。围绕上海生态环境和城市安全两条底线,多部门共同开展城市气象服务保障规律和策略的研究。完善部门间科技创新、业务合作和工作联动机制。推动新一轮区局合作,完善突发事件预警信息发布体系,提升基层气象灾害风险管理能力和公共气象服务水平。积极调动社会资源。进一步开放气象数据,打造众创平台,激发社会创新力量注入气象领域。三是始终坚持党的领导。确保上海气象部门全体党员领导干部在思想上、政治上、行动上同中国气象局党组和市委的工作部署保持高度一致,以高度的责任感和使命感积极投入上海气象事业"十三五"发展之中。

不忘初心,不辱使命,上海气象现代化建设只有进行时没有完成时。在"十三五"画卷徐徐展开之时,上海气象部门将紧握气象现代化发展蓝图,以海纳百川的气魄,秉承"敢为人先"的创业精神,以创新、协调、绿色、开放、共享的理念引领,以更加昂扬的精神状态,凝心聚力、锐意进取,积极贯彻落实中国气象局全面推进气象现代化、全面深化气象改革、全面推进气象法治建设、全面加强气象部门党的建设的重大部署，积极贯彻落实中国气象局建设以智慧气象为重要标志的气象现代化"四大体系"建设要求，积极探索、认真谋划智慧气象发展思路，使智慧气象成为更高水平气象现代化的发展引擎和重要标志，积极发挥上海气象现代化在全国的先行先试作用，更好地为上海经济社会发展和城市安全运行提供支持保障，在气象现代化建设这条永无终点的道路上砥砺前行！

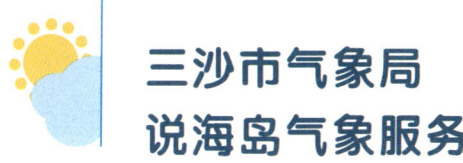

三沙市气象局说海岛气象服务

走近三沙市气象局

"在那云飞浪卷的南海上,有一串明珠闪耀着光芒",这是歌曲《西沙我可爱的家乡》中对美丽西沙的描述。西沙以它清澈碧蓝的海水、洁白如银的沙滩、摇曳生姿的椰树等热带岛屿风光让人们折服,然而岛上的生活是艰苦而枯燥的,气候条件恶劣,交通运输不便,生活物资短缺,基础设施薄弱……就是在这样艰苦的环境里,三沙市气象局作为西沙成立时间最早的地方单位之一,集结了数十名南海气象人,在祖国南海观风云、战风雨,提供了宝贵的南海气象数据资料,为南海资源开发、南海海域渔民的生产安全活动以及政府科学决策提供更加准确及时的气象服务保障。

三沙市气象局

◆ 永兴岛的标志性建筑

三沙市气象局的前身为西南中沙群岛气象台，始建于 1957 年 7 月。位于西沙群岛永兴岛，距离海南岛约 330 千米，属国家一类艰苦地区台站。气象观测人员需要常年在高温、高湿、高盐、高日照的环境下工作，经常被晒到皮肤红肿甚至脱皮、起泡，观测设备也很容易被盐腐蚀，需要经常维护。就是在这样的艰苦条件下，三沙市气象局现已成为南中国海上建设规模最大、业务最齐全的综合气象观测基地，在西沙 5 个岛礁、南沙 7 个岛礁都建有海岛自动气象站。

数十年来，三沙市气象局大踏步迈开现代化建设步伐，从原来的 843 型雷达到现在的新一代多普勒天气雷达；从原先的小球经纬仪测风到现在的双备份 L 波段雷达测风；从原始的人工观测到现在的自动气象站与人工观测相结合；从最初的简易木屋到现在 2000 多平方米的三层办公楼；从原来的缺肉少菜到现在完备的冷藏室；从陈旧的碉堡房到现在整洁舒适的宿舍楼……如今，放眼西沙永兴岛，全岛最气派、最漂亮的地标性建筑就是气象局的雷达综合办公楼。

三沙市气象局雷达综合办公楼

三沙市气象局说海岛气象服务

三沙市气象局一方面承担着推进地方气象事业加快发展的目标任务，另一方面肩负着为祖国南海"维权、维稳、保护、开发"各项工作做好气象保障服务的重任。目前以地面气象、高空气象、天气雷达综合观测业务为基础，还承担着辐射、酸雨、闪电定位、紫外线强度、气溶胶、大气成分等观测业务和海洋气象预警短波广播业务。多年来，三沙市气象局始终坚持"无所不在、无微不至"的气象服务理念，通过快报、专报等形式，为地方、部队提供优质的决策气象服务；采取电话、广播、电子显示屏、手机短信、微信等方式，为群众提供周到的气象信息服务。特别是在2008年台风"浣熊"和2013年强台风"蝴蝶"严重影响西沙时，气象局全体驻岛干部职工坚守岗位、密切监测、准确预报，及时把气象服务材料和最新的台风位置报送三沙市政府、水警区负责人和渔民；同时积极抗风抢险，冒着狂风暴雨深入到渔民村、渔船，帮助群众撤离，协助市政府做好防灾减灾、抢险救灾工作，多次受到市政府、水警区和海南省气象局的表扬。

台风天地面观测

建站以来，三沙市气象局先后获得了"祖国南海风云哨兵""全国气象部门文明台站标兵""全国气象工作先进集体"和"全国文明单位"等荣誉称号，涌现出的先进个人更是不胜枚举。

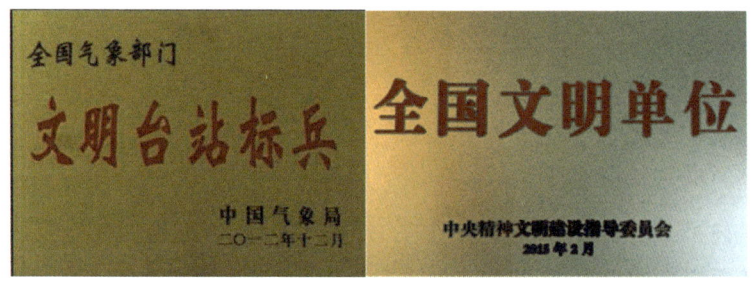

● "高温、高湿、高盐、高日照"下的坚守

"高温、高湿、高盐、高日照"的热带季风海洋性气候是西沙的一大标志。高温暴晒、长时数的日照、强烈的紫外线辐射，使得气象观测人员常被晒到皮肤红肿甚至脱皮、起泡，驻岛女职工以暗铜色的肌肤被冠以"马尔代夫美女"的称号。高达80％的年平均相对湿度，加上水汽中蕴含的高盐分，使得岛上的建筑、设施设备和花草树木常常挂着晶莹剔透的水晶或盐晶，潮湿而咸涩的空气具有极强的腐蚀性，室外的钢铁物件只要放置3天以上，一般都会生锈。

西沙群岛远离海南本土，交通不便，只有平均每星期一班的运输补给船往返于海南和西沙永兴岛。岛上无淡水资源，洗漱主要为雨水和海水淡化水，饮用水主要为运输船补给的桶装矿泉水。岛上土质主要为珊瑚碎石及珊瑚沙，较难种植农作物，果蔬、肉类等生活物资主要从海南运输补给，而当热带气旋、寒潮、大风等恶劣天气长时间影响时，时常一个月甚至更久才能补给一次。岛上基础设施薄弱，工作和生活电源为柴油机组发电，因功率有限，时常断电。干部职工驻岛工作时间较长，文体娱乐设施少，生活单调。

在这缺乏物资、没有家人陪伴的偏远海岛上，驻岛气象干部职工不畏艰苦，克服困难，默默奉献，每天传送南海气象数据，为南海的经济建设和人民生活提供准确及时的气象预报预警信息。一位女职工在孩子未满周岁的时候上岛工作，只能随身带着孩子的照片，以慰思念；一位职工在年迈的父母病危临终时，接到家人接二连三发来的加急电报，对着没有交通船的汪洋碧波，心急如焚却只能强忍悲痛，面朝大海长跪磕头，遥祝父母一路走好；在天气恶劣，运输船长时间无法抵达时，干部职工甚至把树芯当蔬菜吃。由于气候条件恶劣，再加上长期食用冰冻食品，饮用存放时间较长的含钙质、杂质高的混合水，使得驻岛的气象人员都不同程度患有风湿病、肠胃病、肾结石等多种疾病。

♦ 奉献是气象人青春的底色

西沙珊瑚岛自1974年收复后，气象部门立即派出工作人员接管珊瑚地面站，成立珊瑚岛气象站，现为国家基准气候站。珊瑚岛气象站是一个比永兴岛气象站更艰苦的台站，自然环境更恶劣，交通更为不便，工作和生活条件更简陋，水电供应经常不足。

由于珊瑚岛的地理位置更边远，所以没有固定时间的运输船，一方面靠部队的炮艇执行任务时运送物资，另一方面靠渔民的渔船运送物资，时间不定，常常要一个月才有一趟供给。

岛上人员稀少，由于条件太过艰苦，三沙市政府原先设立的商业站点先后撤走，现在岛上除了部队官兵外，就只有气象站的3名工作人员。这3名气象人不仅要负责24小时地面观测业务，维护极易受腐蚀的仪器设备，还要自己动手种菜、下海捕鱼、生火做饭，以解决生存问题，唯一的文体活动就是偶尔在空闲时和部队官兵打打篮球。

工作的繁重、生活的艰苦不说，最为难过的是孤独与寂寞。只有对事业的执着追求和对家人的绵绵思念，才是他们坚守岗位、驻扎小岛的精神支撑。

珊瑚岛气象站及仅有的3名工作人员

◆ 绵绵情意永传承

三沙市气象局成立近60年以来，迎来送走了一批又一批南海气象人。而被大家尊称为"岛主"的魏启强，如同一棵老树般扎根西沙，从青春活力的年轻小伙到两鬓斑白的花甲老人，一待就是34年。魏启强同志坚守南海、倾情三沙气象事业是"准确、及时、创新、奉献"气象精神和"坚守、严谨、敬业、奉献、传承"的三沙气象人精神的具体体现。他的先进事迹先后被新华社、中央电视台、经济日报、海南日报、凤凰网及中国气象报等主流媒体广泛报道，是海南气象系统的学习榜样，是全国气象部门的宣传名片，是"中国梦"的三沙气象篇章。2008年，他光荣地被选为北京奥运火炬传递手；2013 年被授予海南省第四届敬业奉献道德模范。

魏启强同志查看油机

如今，为了纪念在珊瑚岛的艰苦岁月而起名"珊珊"的女儿自探空专业毕业后，硬是踏着父亲的脚步，登上了永兴岛，成为了一名三沙气象人。她也将根扎在岛上，与同是气象员的年轻小伙子成婚，并有了可爱的小宝宝，一对儿女就这样扎在小岛上不走了。

南海气象服务

三沙市位于中国的南海，是中国最年轻的地级市，管辖西沙、中沙及南沙群岛，有 260 多个岛礁，海域面积 200 万平方千米。南海是我国丰饶的渔场，石油与天然气蕴藏丰富，也是我国与世界各地非常重要的海上通道，我国50%从中东及25%从非洲进口的石油均经过三沙航线，占对外贸易90%的海洋运输，南海航线也占据着及其重要的份量。随着三沙设市，海上渔业生产、旅游的开发及海上维权执法活动的日益增强，海上活动的船只越来越多，对气象保障服务的要求越来越高，不仅需要各类具有针对性的预报服务产品，同时更需要针对海上行船的特点建设畅通的气象信息传输渠道。

南海属于热带海洋性季风气候，恶劣天气的影响比较频繁，是台风、海上大风及强对流天气高发区。尤其是台风对南海的影响非常突出，平均每年受11~12个台风影响，其中3~4个严重影响，给驻岛各单位、渔民，海上船只造成非常大的安全威胁。2008年在南海生成的台风"浣熊"造成18艘在三沙北礁作业的渔船受损，其中3艘沉没，遇险渔民人数将近180人。2013年第21号强台风"蝴蝶"横扫西沙群岛，共造成三沙市103间房屋倒塌，140口深水网箱损坏，损失各珍贵鱼类360吨，造成80余艘大小船只遭到碰撞、搁浅、沉没；其中5艘未及时入港避风的广东籍渔船有3艘沉没，共有48人失踪，14人遇难，引起了党中央及广东、海南省政府的重视及高度关切。

为做好南海的气象服务工作，气象预报服务人员由原来的2人发展壮大到8人。服务渠道拓展为手机短信、固定电话、微信、电子显示屏、电视、网站、传真和海洋气象短波电台等等，针对灾害性天气、重大活动、重大节日和海上交通航线等开展决策气象服务材料制作。近年来还逐步开展了西沙永兴岛、中沙黄岩岛和南沙永暑礁等三沙15个重点岛礁、海域的天气预报预警服务，既是维护国家主权之举，也为中国海监对我国管辖海域的维权巡航提供保障服务。

在气象预报服务发展的道路上，离不开我们气象部门尤其气象观测人员和后勤保障人员的辛勤努力和无私奉献。依然清晰地记得，2007年9月的一天，观测员在观测场观测数据，突然，一声落地雷轰轰轰地，闪电直穿地面，紧接着又有几次，他依然认真地做好数据记录，及时上传。

2008年第1号台风"浣熊"、2009年第16号台风"凯萨娜"和第17号台风"芭玛"正面袭击西沙群岛，暴风雨考验着西沙新一代天气雷达，机房、机房与天线罩中间的过渡层积水，为了保障雷达继续运行，业务人员马不停蹄的用抹布把积水吸干，一分钟、半小时、一小时，时间一点一滴过去，终于确保了机房通信设备的安全，也保障了雷达馈线不被渗水。可楼下后勤保障就没有这么轻松了，雨水势不可挡地往地下室灌充，已经淹没地下室的水泵机房，眼看就要到达高挂在墙上的配电箱，后勤保障人员顾不上自身的安危，涉入水中关掉电闸，想方设法把积水往外排，彻夜把守……

2012年7月24日，三沙市设市，同年10月8日三沙市气象局在西南中沙群岛的基础上成立，面对新的形势、机遇和挑战。虽然气象部门已经开展了西沙永兴岛、中沙黄岩岛和南沙永暑礁等重点海域的天气预报服务，限于现有条件，气象预报的准确率和有效性都有待提高。上述海域为我国固有领海，同时也是我国渔民的传统作业渔场，各种海洋气象灾害频发，为维护国家主权，中国海监对我国全部管辖海域定期维权巡航，加之我国管辖海域内航运活动频繁，都需要准确及时的气象预报预警服务。

提高重点海域预报的准确性，需要对海区、重点港口、岛屿（包括钓鱼岛、南海诸岛等）、关键区域等进行精细划分，需要各区内布设一批具有海洋气象代表性的观测站点，开展长期稳定的海洋气象观测；预报要素的需求更加丰富，需要海上及沿海各类自动气象站、探空站、雷达、卫星反演产品等资料，经过多源资料融合分析，为预报提供高质量的海洋气象要素分析场。

鉴于此，三沙市气象局理清三沙气象事业发展的基本思路，首先必须下大力气提升气象业务质量，重点抓好综合观测业务。二是以需求为牵引，突出海洋特色，转变气象服务理念，将原来点对点的气象服务模式（仅针对地方政府和驻军服务）转变为射向的全方位的服务模式，向地方政府、各部门、驻军、渔民、企业和过往船只收集手机号码,建立气象服务策略数据库,通过手机短信快捷发送预报预警信息,建设西沙海洋气象短波电台加大南海气象预报预警信息覆盖面,保障海上作业渔船和过往船只顺利接收预报预警信息,确实提升气象服务能力和水平。三是以建设南海现代海洋气象综合观测体系为目标,逐步完善站网建设,丰富综合观测手段。多年来,对流层风廓线雷达、大气成分观测设备、三维闪电探测仪、气溶胶测站、备份水电解制氢设备、备份L波段雷达、"琼沙3号"公务船和"椰香公主"旅游船船舶站等先后投入使用;完成西沙北礁、东岛、琛航、金银、中建岛和南沙永暑礁、美济礁、渚碧礁、华阳礁、东门礁、南薰礁、赤瓜礁等12个海岛自动站升级改造。四是加强以改善探测环境和职工居住条件为目标的基础设施建设。五是加强以爱岗敬业,传承气象人精神为主要内容的精神文明建设。六是加强干部队伍和单位自身建设,努力寻找一条将三沙气象推向全省、全国的道路,彻底改变我们因为常年守岛而有些闭塞的思想。

一次重要的服务过程

2013年9月21日,三沙市气象局开始关注黄岩岛附近的热带扰动,并向当地政府、驻军和有关单位做决策服务,向公众发布预警信息。25日11时,市局第一时间向地方政府汇报:三沙市黄岩岛附近热带扰动将于未来24小时内发展为热带低压,北边有弱冷空气渗透,预计热带气旋会迅速发展,中心经过西沙群岛,请做好各项防台措施,迅速通知海上船只回港避风。27日02时,三沙市黄岩岛附近海面热带扰动发展为热带低压,编号1321TD"蝴蝶",27日14时加强为热带风暴,28日02时发展为强热带风暴。市局预报服务人员迅速前往地方政府和驻军汇报天气情况以及台风的风险影响预测。根据市局的决策服务,军地双方已经做好防台部署,本辖区所有船只已经回港避风,永兴岛渔船已拖回岸上加固,唯有几艘台山籍渔船仍在珊瑚岛附近海面,没有靠港。市局再次坚定地做出台风风险预测:台风"蝴蝶"将横穿西沙群岛,有可能加强为强台风级别,阵风可达16级,对西沙附近海面的风雨影响非常严重,所有船只务必要回港避风,即使船只不能进港,但是人员不能停留在船上。9月28日14时"蝴蝶"迅速发展为台风,29日05时左右台风中心经过西沙东岛,29日上午08—10时重创西沙永兴岛,29日11时加强为强台风(风速达42米/秒),中午12时突然加强为45米/秒并持续到18时,这期间强台风"蝴蝶"长时间停滞在琛航、珊瑚等附近岛礁和海域,29日20时减弱为台风,10月1日02时停止编号。

台风"蝴蝶"影响期间,市局驻岛值班领导和预报服务人员不眠不休三天三夜,严密监视天气变化,滚动加密预报服务,严密跟踪各部门的防台情况,及时掌握各部门的灾情信息。这期间我们还更关心我们的兄弟——驻珊瑚岛值班的兄弟。29日清早,我们电话联系珊瑚岛气象站负责人林正杨,让他务必要做好各项安全措施,时刻保持联系。下午再次联系珊瑚时,所有电话无法接通,珊瑚数据没有上传,我们彻底与珊瑚兄弟失去联系。紧张的工作让我们的心高悬起来,怎么办?他们3人到底怎么样了?台风影响时间那么长又那么严重!大家都不敢往下想。时间慢慢地流逝,台风也慢慢地向西移动,终于接到珊瑚的来电,坚强的男儿在那边吓傻了,一边哭一边详细分析那边的情况:值班室玻璃被打破了,风雨猛往值班室灌,我们几个用力去挡住大门,最后连人带门被打了出去,什么都泡湿了,我们也不能出去,只能躲在楼梯底下,等风速小一点了我们才跑到部队,借用他们的电话跟领导汇报情况。听到他们的汇报,我们高悬的心终于放了下来,眼泪不自觉地吧啦吧啦往下掉,只要人没事就好。同志们,你们受惊了!为了让仪器设备尽快恢复工作,尽快上传数据,驻珊瑚岛的3位同志冒着暴风雨抢修设备,很快地，气象数据恢复了。我们由衷的感激：有你们，真好！

强台风"蝴蝶"带给西沙群岛的重创是惨重的。9月29日"蝴蝶"中心经过三沙市西沙群岛时，永兴岛出现极大风速37.1米/秒，珊瑚岛出现54.1米/秒的极大风速，造成3艘广东台山籍渔船遇险，13人遇难，49人失踪；三沙市气象局珊瑚岛气象站损失惨重，三名业务员受轻伤；三沙市气象局永兴站损失严重，无人员受伤。

透过强台风"蝴蝶"天气过程，我们深深地思考：虽然我们一直在宣传气象防灾减灾科普知识和技能，可依然没有深入民心啊。如何让公众掌握气象防灾减灾知识和技能，并加以重视？任重道远。

台风过后，天空特别干净，海水湛蓝。又见夕阳红，在夕阳下，三沙市气象局的"管天人"继续忙碌，身后红红的大字"测南海风云，保祖国平安"似乎在说："有你们在，真好！"